国家级特色专业

广州美术学院工业设计学科系列教材

童慧明　陈江 主编

CHINESE CLOTHING HISTORY

中国服装史

任　夷　著

图书在版编目（CIP）数据

中国服装史 / 任夷著.—北京：北京大学出版社，2015.7
（国家级特色专业 · 广州美术学院工业设计学科系列教材）
ISBN 978-7-301-25613-8

Ⅰ.①中…　Ⅱ.①任…　Ⅲ.①服装－历史－中国－高等学校－教材
Ⅳ.①TS941-092

中国版本图书馆CIP数据核字（2015）第056935号

书　　名	中国服装史
著作责任者	任夷　著
责 任 编 辑	赵　维
标 准 书 号	ISBN 978-7-301-25613-8
出 版 发 行	北京大学出版社
地　　址	北京市海淀区成府路205号　100871
网　　址	http://www.pup.cn　　新浪官方微博：@北京大学出版社
电 子 信 箱	pkuwsz@126.com
电　　话	邮购部 62752015　发行部 62750672　编辑部 62752022
印 刷 者	北京汇林印务有限公司
经 销 者	新华书店
	720毫米×1020毫米　16开本　16.5印张　250千字
	2015年7月第1版　　2021年8月第2次印刷
定　　价	82.00元

目录

总序

设计教育的本质，是培养具有整合创新能力的人才。历经30年的持续发展与扩张，中国设计院校虽以近230万在读大学生的总量规模高居世界第一，但在培养的学生的质量水平上则与欧美发达国家仍有较大差距。

一段时间以来，许多专家学者均对如何提升中国设计教育水平发表过各种建议与评论，尤其是关于教材建设的意见甚多。于是，过去10年来由一些重点高校的著名教授牵头主编、若干知名出版社先后出版了许多列入“十五”“十一五”规划建设的系列教材，造就了设计出版物的繁荣景象。然而，在严格意义上，这些出版物更类似于教学参考书，真正能在实际教学中被诸多高校普遍采用，具有贴近教学现场的课程内容、知识结构、课时规划、作业要求、作业范例、评分标准等符合设计类专业教学特性要求的授课范式，并经过多次教学实践磨砺出的教材则如凤毛麟角。

整体观察这些出版物，在三大本质特性上存在突出弱点：

1. 系统性。虽有不少冠之为“系列教材”，但多数集中在设计基础、设计史论类教学参考书范畴，少有触及专业设计、专题设计课程的教材。而且，这些系列教材基本是由某位教授、学者作为主编，组织若干所院校的作者合作编写，并不是体现一所院校完整的教学理念、课程结构、课程群关系、授课模式特色的系统化教材。

2. 原创性。毋庸讳言，虽就单本教材来说，不乏少量基于教师多年教学经验、汇聚诸多教研心血的佳作，但就整体面貌来看，基于计算机平台的“拷贝 + 粘贴”取代了过去的“剪刀 + 糨糊”的教材编写模式，在本质上没有摆脱抄袭意图明显的汇编套路，多数是在较短时间内“赶”出来的“成果”，自然难有较高质量。

3. 迭代性。设计是一门培养创新型人才的学科，大胆突破、迭代知识是设计教育的本色，不仅要贯彻于教学过程中，更要体现于教材的字里行间。这种将实验探索与精进学问相融合的治学态度，尤其需要映射于专业设计类教材的策划与撰写中。这种迭代性既应体现出已有的专业设计类课程授课内容、架构与目标的革新力度，也需反映出新专业概念对传统设计专业知识结构的覆盖、跨界、重组、变异趋势。例如交互设计、服务设计、CMF 设计等新专业设计类别，尽管在设计业界的实践中已快速崛起，但在明显已落伍的设计教育界，目前尚无成熟的专业教学系统与教材推出。

“国家级特色专业·广州美术学院工业设计学科系列教材”，是一套以“‘十二五’重点规划教材”为定位，以完整呈现优秀院校学科建构、课程特色、教学方法为目标的系统教材。首批计划书目 38 册，分为“设计基础”“专业设计基础”“专业设计”三大类别，汇聚了“工业设计”“服装设计”与“染织设计”三个专业教学板块的任课教师在设计基础教学、专业设计基础教学、专业设计工作室教学中长期致力于新课程创设、迭代更新教学内容、提纯优化教学方法等方面所做的实验与探索性成果。它们经过系统总结与理论升华，凝结为更加科学、具有前瞻意识与推广价值的实用教材。

广州美术学院是国内最早开展现代设计教育的院校之一。工业设计学院作为拥有“国家级特色专业”“省级重点专业”“省级教学质量奖”荣誉，集聚了一大批优秀教师的人才培养平台，秉承“接地气”（与产业变革需求对接）的宗旨，以“面向产业化的设计教育”为准则，自 2010 年末以来，整合重构了三大专业板块，在本科教学层面先后组建了 5 个教研室、14 个工作室，明确了每个教研室与工作室的细化专业方向、教学任务与建设目标，并把“创新设计”作为引领改革的驱动力与学院的核心理念。

创新设计，是将科学、技术、文化、艺术、经济、环境等各种因素整合融会，以用户体验为中心，组建开放式的知识架构，将内涵由产品扩展至流程与服务、更具原创特性的系统性设计创造活动。以此为纲领，工业设计学院在充分认知珠三角产业结构特点的前提下，提出了“更加专业化”与“更具创新力”的拓展目标，强调“更加专业化以适应产业变革，更富创新力以输出原创设计”，清晰定位了自身的发展方向：培养高质量的本科生，输出符合产业需求的“职业设计师”。

“工作室制”与“课题制”互为支撑、互相依存的系统建构，已成为广州美术学院工业设计学院的新教学模式与核心特色。这种模式在激发教师产学研

广州美术学院工业设计学院本科教学架构图

2013 年 10 月 V2.0 版

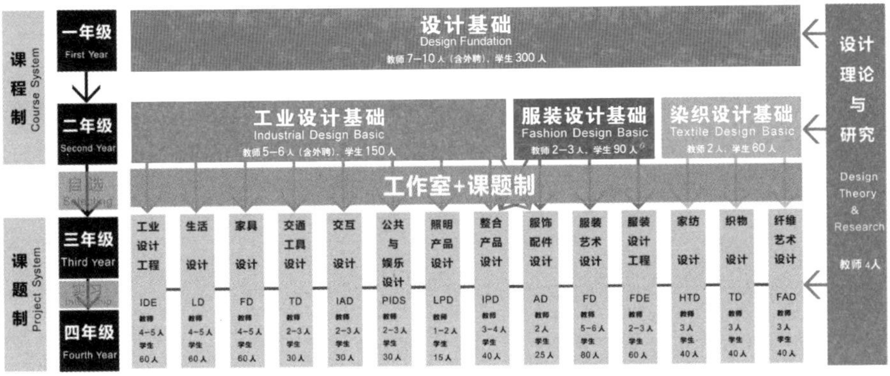

结合、吸纳产业创新资源、启动学生创造力、提升学术引导力等方面产生了巨大的整合效应，开创了全新的设计教育格局。

新的本科教学架构将四年教学任务分为两大阶段、三类课程（如上图所示）：一年级是以“通识性”为特点，打通所有专业的“设计基础”类课程。二年级是以“基础性”为特点，区分为“工业设计”“服装设计”与“染织设计”三个专业平台的“专业设计基础”类课程。这两类均以“课程制”教学模式进行。而三、四年级则是以“专业性”为特点，在 14 个工作室同步实施的“专业设计”类课程，以“课题制”教学模式进行，即各类专业设计的教学均与有主题、有目标、有成果要求的实质设计课题捆绑进行。

“课题制”教学是本套教材首批书目中占 60% 的“专业设计”类教材（23 册）的突出特色，也是当下国内设计教育出版物中最紧缺的教材类型。“课题制”，是将具有明确主题、定位与目标的真实或虚拟课题项目导入专业设计工作室平台上的教学与科研活动，突出了用项目作为主线、整合各类知识精华、为解决问题而用的系统性优势，并且用课题成果的完整性作为衡量标准，为学生完成具有创新深度、作品精度的作业提供了保障。

诸多被纳入工作室教学的课题以实验、创新为先导，以“干中学”为座右铭，强化行动力，要求教师带领学生采用系统设计思维方法，由物品原理、消费行为、潜在需求的基础层面展开探索性研究，发挥“工作室制”与“课题制”捆绑所具有的“更长时间投入”“更多资源聚集”的优势条件，以足够的时间安排（如8—12周）完成一个全流程（或部分）设计项目过程，培养学生真正具有既能设定目标与研究路径，又能善用各种工具与资源、提出内容充实的解决方案的综合创造能力。

以课题为主导的工作室教学，也为构建开放式课堂提供了最佳平台。各工作室在把来自产业的创新设计课题植入教学过程时，同步导入由合作企业选派的工程技术专家、市场营销专家、生产管理专家等各类师资，不仅将最鲜活的知识点带入课堂，也让课题组师生在调研、考察生产现场与商品市场的过程中掌握第一手信息，更加清晰地认知设计目标与条件，在各种限定因素下完成符合要求的设计成果，锤炼自身的设计实战能力。

为了更好地展示“课题制”与“工作室制”的教学成果，这套教材在规划定位上提出了三点要求：

1. 创新：教材内容符合教学大纲要求，教学目标明确，具有理念创新、内容创新、方法创新、模式创新的教学特色，教学中的关键点、难点、重点尤其要阐述透彻，并注意教材的实验性与启发性。

2. 品质：定位为国家级精品课程教材，达到名称精准、框架清晰、章节严谨、内容充实、范例经典、作业恰当、注释完整的基本质量要求，并充分体现教学特色，在同类教材中具有较高学术水平与推广价值。

3. 适用：编著过程中总结并升华教学经验，体现由浅入深、由易到难、循序渐进的原则，有科学逻辑的教学步骤与完整过程，课程名称、适用年级、章节层次、案例讲述、作业安排、示范作品、成绩评定等环节必须满足专业培养目标的要求，所设定的内容、案例规模与学制、学时、学分相匹配，并在深度与广度等方面符合相应培养层次的学生的理解能力和专业水平，可供其他院校的教师使用。

希望经过持续的系统构建与迭代更新，这套教材可在系统性、实验性、迭代性、实用性和学术性等方面形成突出特色，为推动中国高等学校设计教育质量的提升做出贡献。

广州美术学院工业设计学院院长　童慧明 教授

2014年1月

前言

中国传统文化源远流长、博大精深，为世界瞩目。孔子言："见人不可以不饰。不饰无貌，无貌不敬，不敬无礼，无礼不立。"服饰作为传统礼仪的载体，使得中国这样一个礼仪之邦成为衣冠大国。勤劳智慧的华夏先民以非凡的创造力，给我们留下了极为丰富的服饰文化遗产。研究我国传统服饰文化有助于我们为将来的设计研究打下坚实的基础，鉴往而知来。

本教材从服饰设计的角度出发，采用考古学等史学研究所取得的成果，运用服饰设计的专业语言，由点及面，从三个方面展开叙述：(1) 历代服饰样态及其变化轨迹；(2) 传统服饰中的文化符号；(3) 传统服饰的结构、纹样及制作工艺，并用专业语言进行还原解析。书中用了大量手绘制作工艺图来展现传统服饰的形态与结构特点，并配以大量图片还原传统服饰成品，使读者一目了然，以适应当下图像时代大众的需求。

第一部分

传统服饰的变化轨迹

教学重点

传统服饰溯源及流变

第一章

先秦服饰

人类披着兽皮和树叶徘徊了数不清的岁月，才艰难地从洪荒时代跨进了文明时代的门槛。据史料记载，进入文明初期的人们穴居山崖、赤身裸体，以果实根茎果腹，或用天然石块、树枝等捕获野兽作为食物。冬天人们把所获得的兽皮用来裹护身体御寒保暖，夏日则拣取树叶遮掩阳光，以免受炎炎烈日的照射。“搴木茹皮以御风霜，绹发冒首以去灵雨”所描绘的正是这一时期生活的状态与服饰雏形。

旧石器时代晚期北京周口店山顶洞中发掘的骨针与新石器时代河姆渡遗址出土的纺轮、骨刀、绕线棒等纺织工具，说明我们的先人在文明初期就已经发明了缝制衣服的简单工具，并能制作简单的服饰(见图1-1-1—1-1-3)。

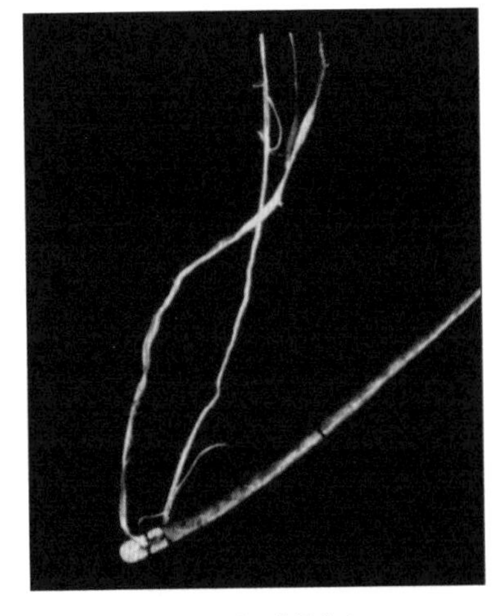

图1—1—1 骨针，山顶洞遗址出土。

在度过地球上最后一次冰期之后，人类的生产和生活方式发生了重要变化。这时人类不仅掌握了一定的生活资料和对生产工具的运用技能，而且已经具备村落定居的某些条件。人们纷纷从山林洞穴里走出来，在靠近水的地方定居下来，相对稳定的农耕生活使人类有了比较可靠的生活

图 1-1-2 原始社会、蒙昧时代的着装，作者：任夷。《礼记·礼运篇》载："昔者，先王未有宫室，冬则居营窟，未有火化，食草木之实，鸟兽之肉，饮其血茹其毛。"

图 1-1-3 太古时的"披发卉服""搴木茹皮"，作者：任夷。远古时期，人类在面对自然时，"搴木茹皮以御风霜，绚发冒首以去灵雨"。这就是最原始的以兽皮、树叶裹身的服装雏形。

资源。在仰韶文化的典型遗址——半坡村遗址中可以看到，我们的原始先民除狩猎外，已学会了农作、制陶与纺织。在一些已发掘的墓葬中，随葬物与尸骨上出现了朱砂涂染的痕迹，一些器物上甚至有精美的抽象图案装饰。这表明，人类此时已有了审美的意识和原始宗教观念。

在长江流域良渚文化遗址中发现了迄今最早的家蚕丝织品残片（见图 1-1-4、1-1-5）。《礼记·礼运篇》有证："昔者，先王未有宫室，冬则居营窟，未有火化，食草木之实，鸟兽之肉，饮其血茹其毛。未有麻丝，衣其羽皮……后圣有作，治其麻丝，以为布帛。"在此基础上，服饰亦不断发展，从文明初期萌芽，到先秦时代形成、秦汉时代成熟，至隋唐时代达到鼎盛，又经宋元时代融合、渗透，再到明清时代完备等，绵延数千年，不断演化变迁，最终成就了我国“礼仪之邦，衣冠古国”的美誉。

图 1–1–4 陶罐底部编织印痕，是用竹或藤条编织的竹席留下的痕迹。这种用经线与纬线交替的编织技术孕育出纺织技术。

1. 服饰的缘起

（1）彩陶文化中的服饰遗迹

原始宗教崇拜　新石器时代的服饰形态，由于没有文字记载，主要靠历史遗存和史学家对墓葬的发掘、推算、分析得出结论。以仰韶文化时期的彩陶为例，这时期原始先民的渔猎生活还占相当比重，绘有鹿纹、人面鱼纹的器物与当时的渔猎、祭祀活动不可分割，从中亦可判断出服饰的发生、发展与原始宗教的种种仪式有着密切的关系。彩陶纹饰中的艺术表现，虽然不是几千年前的实况摹写，却也使我们看到一些巫祝盛饰的形与影（见图 1–1–6—1–1–8）。

保护生命　从彩陶纹饰上所描绘的披皮饰兽的服装形式判断，这种服饰的起源可能与原始人追逐大型动物有关。在弓箭发明以前，他们若要猎获较大型动物，需埋伏到非常接近目标的程度，甚至混迹于兽群之中，故披兽皮饰兽尾成为必要的伪装。因此服饰的产生亦有可能出于猎捕猛兽、应付战争的需要。

图 1–1–5 良渚文化丝织品残片。

图 1—1—6 舞蹈纹彩陶盆，新石器时代马家窑类型，青海大通孙家寨出土。从人物的形象上看，在距今5至7千年前，人们从原始的披发发展为编发，裸体上有了装饰或遮挡用的服饰配件。

图 1—1—7 彩陶盆绘人面鱼纹，1972 年陕西临潼姜寨新石器时代仰韶文化遗址出土，西安半坡博物馆收藏。

图 1—1—8 人面鱼纹彩陶盆，新石器时代仰韶文化，1955 年陕西西安半坡遗址出土。盆上绘有人含双鱼图像，与半坡人的图腾崇拜有关。人面头顶束髻，以骨笄约发，上有尖顶状冠饰。此画面也似乎让我们感受到了某种神秘的宗教与象征意义。

掩形装饰　从彩陶纹饰中我们可猜想，人们在狩猎或战斗中出于本能的反应，为避利爪与矢石的伤害或出于伪装与威吓，不得不向某些有鳞甲与甲壳的动物学习，即采取所谓“孚甲自御”的办法，用骨针缝制出胸甲、射鞲一类的局部保护服饰。这种掩形、装饰的方法为后来大面积保护、遮挡身体的服饰奠定了基础。

“民童蒙不知东西，貌不羡乎情而言不溢乎行，其衣致暖而无文，其兵戈铢而无刃，其歌乐而无转，其哭哀而无声。凿井而饮，耕田而食，无所施其美，亦不求得”[1]，这段话描写了远古时期混沌而淳朴的世界与人对服饰本能的需求。

从以上可看出，在服饰形成初期，本能需求与精神需求乃是其最主要的

[1] 刘文典:《淮南鸿烈集解》卷十一，中华书局，1989 年，第 344 页。

起因，而且早期的服装应该是由初始的部件，如裲裆、蔽膝、射鞲、胫衣之类的零部件构成，它们为中华民族的服饰文化开创了先河。伴随着社会的进步和工具的改进，服饰文明得以进一步发展。虽然今天我们未能亲眼见到远古遗存下来的服饰实物，但是远古时代的文化遗存所残留的痕迹，使我们能够还原当时的情形。

（2）原始宗教崇拜中的服饰

生殖崇拜 人类的服饰起源，基于人类的原始思维，带有原始文化的共同性，如对自然的依赖，对部族生生不息的渴望，对超自然力量的恐惧与崇拜，对生的珍惜与对死的不解……尽管地理气候的差别使服装的材质有异，但服饰的文化性有着惊人的相似之处，最突出的就是保护生殖的本能行为（见图1-1-9—1-1-12）。

远古人类要与自然抗争、与凶猛的野兽抗争，人群的力量显得尤为重要，繁衍成为头等大事。有资料载，传统服饰中的蔽膝就是源自人们对生殖的保护与崇拜而率先制造出的服饰配件（见图 1-1-25）。

巫术 据文献资料记载，出土的原始墓葬中一些物品上明显留有赤铁矿粉的红色痕迹，如在项圈上涂抹红色，人死后在周围撒上红色等。据考证，这是一种巫术迹象，一种辟邪和再生愿望的表达。巫术的种类和表现形式很多，

图 1-1-9 印第安人生殖崇拜。（图片来源于《服装的性展示研究》）

图 1-1-10 南非某地区生殖崇拜。（图片来源于《服装的性展示研究》）

图 1-1-11 非洲偏远地区某部落生殖崇拜。(图片来源于《服装的性展示研究》)

图 1-1-12 欧洲文艺复兴时期生殖崇拜。

其中很重要的一点就是对服饰加以神化，使服饰品变为寄予某种精神并具有超自然力量的替代品。如在部族祭奠、村落事物的裁决、消除疾病寻求康宁、针对外部族的抗争时，巫术均扮演着重要角色，而巫师的装扮——服饰成为传递信息的最重要的符号。屈原《九歌》中描述巫术仪式的文字，成为我们了解远古社会人物着装的宝贵资料。蒙昧时期，巫术引导人们以自己的力量去面对自然征服自然，服饰所起的作用不可低估。今天，这种为祈求来年丰收、消灾、辟邪而举办的巫术仪式仍在民间存在（见图 1-1-13—1-1-15）。

图腾崇拜　图腾是原始人坚信自己的部族产生于某种自然物的结果，同时也是其氏族的保护神。在考古发掘和神话传说中发现我国远古时代具有丰富的图腾崇拜资料。相传皇帝率熊、罴、貔、貅、豹、虎同炎帝殊死搏斗，这六兽其实就是指以其为图腾的六个氏族。另外还有鱼、鸟、蛙、龟、蛇、猪、马，以及人们想象出来的动物，如龙、凤等，都曾是中华先民崇拜并奉为本族徽志

图 1-1-13 祈福中的法师。

图 1-1-14 招魂中的法师。

图 1-1-15 着刺绣龙凤袍褂的民间法师。

的图腾。连同其他动物或植物，乃至日月或星辰的图腾，都曾经是不同氏族的标志符号。文献资料载，夏民族崇尚龙图腾，商民族崇尚鸟图腾。《诗·商颂》中写道："天命玄鸟，降而生商。"在战国墓葬中出土的文物中就出现了绘有此类图腾的纹样（见图 1-1-16——1-1-19）。

在今天的文化圈里，图腾崇拜依然有迹可循。祖先崇拜的符号仍然可从许多流传至今的服饰纹饰中找到佐证，如布依族、苗族、畲族、纳西族、高

图 1-1-16 刺绣凤纹，战国墓出土。

图 1-1-17 曾侯乙镈钟舞部对峙蟠龙钮局部，战国。

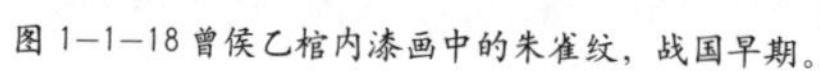
图 1-1-18 曾侯乙棺内漆画中的朱雀纹，战国早期。

图 1-1-19 刺绣凤纹，战国墓出土。

山族等（见图 1-1-20—1-1-24）。

祭祀　祭祀活动是对神灵或已逝祖先、亲人的追忆和纪念，部族通过这一活动来实现亲族联络、血缘凝聚与文化认同，它为以后中华文化中的宗法制和伦理观奠定了基础。祭祀活动需要一整套仪式来显现它的神圣与庄重，宗庙祭祀的隆重仪式场面便是例证。“作为秩序的象征，仪式的合理性有两个来源，它出自人的性情的合理延伸，又以宇宙天地的秩序为它的合理性依据。从人的自然感情的表达发展出仪式，又在仪式的整合中羼糅了来自宇宙天地

图 1-1-20 苗族服饰中的蝴蝶图腾纹。

图 1—1—21 高山族服饰中的蛇图腾纹。（图片来源于《中国民间美术·服饰卷》）

图 1—1—22 布依族服饰中的水图腾纹。（图片来源于《中国民间美术·服饰卷》）

图 1—1—23 畲族的鸡冠帽来自公鸡的图腾形象。（图片来源于《中国民间美术·服饰卷》）

图 1—1—24 纳西族服饰中的青蛙图腾纹。（图片来源于《中国民间美术·服饰卷》）

的秩序。仪式把这种‘天道’与‘人心’用一整套形式化的东西确认并表现出来，庄严的气氛增添了它的神圣感，仪式确立了自身的权威性，也确立了这一秩序在人间的合理性，这便是早期中国仪式的意味。”[2]仪式成了与神沟通的象征符号，而象征一旦被人们习惯和接受，它就起了一种清理秩序、使

[2] 葛兆光:《中国思想史》，复旦大学出版色社，2001 年，第 56 页。

世界从无序走向有序的作用。在几千年的文明进程中，祭祀活动中的这套象征仪式形成了一个庞杂而有序的系统，也成了一种维系宇宙秩序和社会秩序、支撑知识体系和心理平衡的重要手段。在这套复杂的仪式活动所借助的物质形态载体中，服饰是不可或缺的主要因素。《论语》中载："子曰：禹，吾无间然矣，菲饮食而致孝乎鬼神，恶衣服而致美乎黻冕。"黻冕指祭祀中的服饰。这里是说夏禹平时衣着朴素，而祭祀天地、祖先则必须要身着特殊的华美服饰。《易·系辞下》中载："黄帝、尧、舜，垂衣裳而天下治，盖取乾坤。"《逸周书·世俘》也记载了周武王克殷之后，为了证明自己统治的合理性，举行了盛大而庄严的仪式，其中一项仪式就是"王服衮衣，矢琰格庙"，说的是穿着祭祀用的盛装，供奉着美玉，来敬告祖先。

2. 服饰制度与冕服

（1）仪礼服饰的缘起

《尚书·禹贡》中，"天下"分为九州，而中华文化中心所在的黄河中下游地区称为"中国"。这时的"中国"不同于现在的国家概念，只跟所处位置有关，中国以外称为四夷（东夷、南蛮、西戎、北狄）。所谓"华夷之分"，华为内，夷为外；华居中，夷居四角。《左传·定公十年》曰："中国有礼仪之大，故称夏；有服章之美，谓之华。""华"是指中原以农耕为主的文明区域，较"夷"繁华、兴旺；而"夷"是指以采集、游牧为主的野蛮区域。中原民族地处东亚大陆，有辽阔的疆域和丰富的物产，有着自我生存、自我发展的良好条件。在远古生产力水平低下，交通极不发达的状态下，因西面高山、北面大漠、南面大江和原始森林、东临大海的自然屏障，文化的独立性、连续性得到了优厚的外部条件支持。随着人类战胜自然能力的提高、交通的开拓和民族的大迁徙、大征服，古中国王朝夏、商、周相继建立。

夏王朝的建立，是不同民族、不同部落联盟共同努力治理水患与发展农业的结果。之后是东北面的商族（一个善于放牧的民族）崛起，成为各族的盟主。商朝是一个王权与神权合一的王朝。周朝则是一个在黄土地上崛起的民族，通过联络各民族的力量而取得政权。在掌握政权之初，摆在周朝统治者面前的首要问题是巩固政权和建立新秩序，这一方面必须对当时存在的各种社会制度做出决策；另一方面必须对参加革命的功臣、倒戈的奴隶做必要的安排。在种种复杂的情势下，周朝新政权采取了“封诸侯”的方针，但这种方针潜藏着各诸侯权力膨胀的弊端。为了主权的稳定，周公制礼。周公制礼的主要内容是：忠（等级从属）、孝（奉养顺从）、悌（长幼有序）、信（约束各领主、诸侯遵守盟约，不能破坏疆界）等伦理信条，并以此作为全社会的道德标准与做人的准则，支配着人们的生活方式。这种以伦理信条为前提的等级制的建立，上下尊卑的区分非常明确。与此同时，适应于社会生活的各种礼仪也随之产生，以维系政权、安定社会。各种仪礼服饰诸如祭祀之服、朝会之服、从戎之服、吊丧之服、婚礼之服等相继产生。上自天子，下至庶民，虽有高卑之别，但在进行各项礼仪活动时都有应着的服饰。服饰从属于礼制的需要，成为礼的载体，表达着不同的身份、不同的秩序、不同的威仪。

（2）冕服

冕服，是由冕冠、上玄衣、下纁裳，腰系大带与革带，佩戴玉具剑，前系蔽膝，足登舄（厚底的履）组合而成的祭祀之服（见图 1-1-25），是从属于周政权的礼仪服饰。《周礼》记载，帝王百官凡参加祭祀大典均着冕服，《周礼·春官》曰：“祀昊天上帝则服大裘而冕，祀五帝亦如此；享先王则衮冕，享先公飨射则鷩冕（飨宾客及诸侯射）；祀四望山川则毳冕；祭社稷五祀则缔冕（祀五谷之神及五色之帝）；祭群小则玄冕

图 1-1-25 冕服，作者：任夷。

图 1–1–26 大裘冕。(图片来源于《中国古代服饰史》)

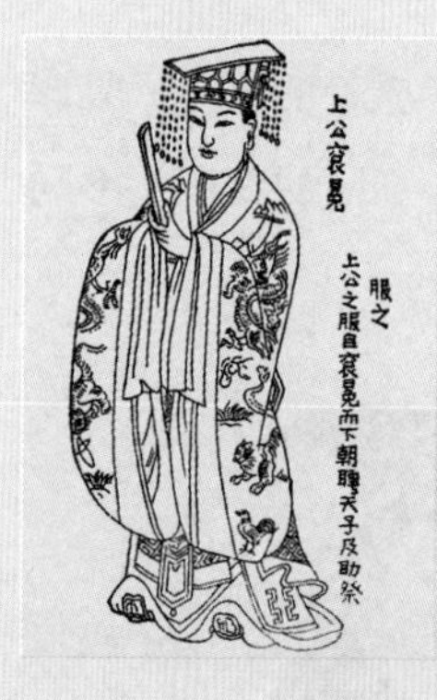

图 1–1–27 衮冕。(图片来源于《中国古代服饰史》)

图 1–1–28 鷩冕。(图片来源于《金陵古版画》)

(祀林泽坟衍四方百物)。”冕服除主要用于祭祀外，其他如婚礼、朝会、朝贺、册封等场合也都使用。

图 1–1–25 中为由冕冠、玄衣、纁裳、舄所构成的冕服。冕冠由通天冠、黑介帻、附蝉、冕板、冕旒、笄、紞、充耳、天河带所构成。玄衣、纁裳意指黑色的上衣以及红色的裙子，衣裳上附十二章纹饰（一章就是一个图案纹饰）；上衣用绘，下裳用绣的方式装饰。其附件还有大带（天子、诸侯的大带在四边都加以缘饰。天子素带，朱里；诸侯不用朱里。大带的下垂部分叫“绅”，宽四寸，用以束腰）、革带（宽二寸，用以系蔽膝，后面系绶）、蔽膝（源自服饰形成之初，保护生殖部位的遮蔽物，后被保留在冕服上。天子用朱色，绘有龙、火、山三章纹饰）、佩绶（天子佩白玉玄组绶）；舄即鞋（单底的叫屦，加厚底的叫舄，与裳同色）[3]。

冕服的形制：王服 周制冕服的等级从高到低分为六级，主要以冕冠上旒的数量与衣裳上装饰的纹饰个数等来区别，但都是黑色上衣配红色下裳，即所谓的玄衣纁裳。上衣、下裳的纹饰共有十二种，分别采用绘与绣的手工艺。十二种纹饰分为两类，一类为日、月、星辰、山、龙、华虫，此六种纹饰为绘制；宗彝、藻、火、粉米、黼、黻，此六种纹饰为绣制，依次排列在上衣的前胸、后背、双肩、两袖、裳前、裳后等部位，并以章

[3] 周锡保:《中国古代服饰史》，中国戏剧出版社，1984 年，第 16 页。

纹的数量排列来严格划分级别。

①大裘冕：王祀昊天上帝所用，其冕无旒。大裘以黑羊羔皮为之，玄衣纁裳，朱韨（护膝围裙）赤舄。衣裳上因有十二章纹，故又称为“十二章服”（见图 1–1–26）。

②衮冕：王之吉服，亨先王所用，冕冠配十二旒，玄衣纁裳。衣绘龙、山、华虫、火、宗彝五章纹，裳绣藻、粉米、黼、黻四章纹，共九章（见图 1–1–27）。

③鷩冕：王祭先公、飨射所用，冕冠配九旒、玄衣纁裳。衣绘华虫、火、宗彝三章纹，裳绣藻、粉米、黼、黻四章纹，共七章（见图 1–1–28）。

④毳冕：王祀四望山川所用，冕冠配七旒、玄衣纁裳。衣绘宗彝、藻、粉米三章纹，裳绣黼、黻二章纹，共五章（见图 1–1–29）。

⑤絺冕：王祭社稷五祀所用，冕冠配五旒、玄衣纁裳。衣绣粉米一章纹，裳绣黼、黻二章，共三章（见图 1–1–30）。

⑥玄冕：王祭群小，即山林、川泽、土地之神时所用，冕冠配三旒，玄衣纁裳。衣无章纹，裳绣黻纹一章（见图 1–1–31）。

冕冠是由冕板（延）、冕旒、通天冠、笄、充耳（瑱）、天河带等所组成。冕板的形式是前圆后方，后面比前面高一寸，呈向前倾斜式（见图 1–1–25）。天河带为冕板上垂下的一条红丝带，可垂到下身，唐宋之后才有明确定制。通天冠两侧下端系有丝带，在颌下系结。冕冠两侧各有一

图 1–1–29 毳冕。（图片来源于《金陵古版画》）

图 1–1–30 絺冕。（图片来源于《金陵古版画》）

图 1–1–31 玄冕。（图片来源于《金陵古版画》）

孔，用以穿插玉笄，以固定冠与发髻，笄的两端各系有一条丝带，在丝带长至两耳处各垂一颗珠玉，名叫“充耳”，不塞入耳内，只是系挂在耳旁，以提醒戴冠者切忌听信谗言。后世的“充耳不闻”一语，即由此而来。汉朝叔孙通在《汉礼器制度》中记载：“周之冕以木为体，广八寸，长一尺六寸。上以玄，下以缥，前后有旒。天子用十二旒，惯有十二玉，间隔一寸。旒长十二寸，用珠玉，次用白，再次为苍、黄、玄，然后再反复此五彩玉，依次而贯串之。用五彩丝绳为藻，以藻穿玉，以玉饰藻，所以叫玉藻。”

蔽膝原为早期人类遮挡或保护腹部与生殖部位的服饰构件，后来逐渐成为礼服的组成部分，以示承古之意，有对祖先尊重的意思，系于革带之上而垂之于下身前方。一般上宽一尺，下宽二尺，长三尺。天子用纯朱色，诸侯赤色，大夫葱衡[4]。也称作韨。

冕服的形制：王后服 据《周礼·天官·内司服》记载，内司服掌王后之六服——袆衣、揄狄（揄，或作“榆”；狄，或作“翟”）、阙狄、鞠衣、展衣、禒衣[5]。与王的服饰不同的是，六服皆采用袍制，而不是上衣下裳制。其中袆衣、揄狄、阙狄为祭祀服饰。从王祭先王则服袆衣；祭先公则服揄狄；祭群小则服阙狄。这三种服饰，都刻缯而采画之。袆衣为玄色，画五色翚形；揄狄为青色，画五色翟形；阙狄为赤色，只刻翟形不加画色。着这三种服饰均佩戴首服“副”（头上的饰品，后来的步摇）。鞠衣为亲蚕告桑之服，服色如桑叶始生之色（黄绿色），首服为“编”（假髻，剪他人头发来增加头发的层次）；展衣（又作“袒衣”）素雅无纹彩，为白色，是礼见王与宾客之服饰，首服也为“编”；禒衣为黑色，是受王御见及燕居之服饰，首服也为“次”（把原有的头发梳编打扮使之美化）。首服中以副最为盛饰，编和次次之，另有衡、笄（衡和笄都是固定头发用的饰品）。这些发饰或固定发型的饰件，必须根据身份与用途来搭配。六服里面均衬以素纱（见图 1-1-32—1-1-36）。

---

[4] 孙机：《中国古舆服论丛》，文物出版社，1993 年，第 277 页。

[5]“彖”本指猪嘴上吻部半包住下吻部，引申指“包边”。“衣”与“彖”联合起来表示衣服包边。本义为衣服包边，引申义为衣服边饰。禒衣指古代一种边缘有装饰的礼服。

图 1—1—33 袆衣。（图片来源于《中国古代服饰史》）

图 1—1—34 揄翟。（图片来源于《金陵古版画》）

图 1—1—35 阙翟。（图片来源于《金陵古版画》）

图 1—1—36 鞠衣。（图片来源于《金陵古版画》）

图 1—1—32 王后服，作者：任夷。阙狄赤色，只刻狄形而不加色绘。前有蔽膝，旁有佩玉，系玉环绶。

周时与祭祀服相配套的鞋子，男女都是一样的。《周礼·天官》记载："屦人掌王及后之服屦，为赤舄、黑舄，赤繶、黄繶、青句、素屦（没有装饰）、葛屦（葛屦者夏用葛，冬用皮）。"复底的叫舄；单底的叫屦；繶是牙底相接之处相缀的丝带；句是舄屦头上的装饰，为行走之时足有戒意。舄的色彩有三等，王依次为赤、白、黑；王后依次为玄、青、赤。鞠衣以下都着屦，舄屦的色都同其裳的颜色。

据资料载，冕服之制殷商时期已有，至周定制而规范、完善。正如汉代贾谊所说："天下见其服而知其贵贱，望其章而知势位。"周朝的等级制度构成了古代冕服的基本形制。此后，以六冕、六服和三弁（弁：首服）为核心的冠冕衣裳在各朝代史籍的《舆服志》中都有详尽的规定，历代沿袭，源远流长。虽冕服的种类、使用的范围、章纹的分布等屡有更定、演变，各朝不一，但基本形式与实质内容没有变，一直延续到封建社会后期至满清入关废除汉族衣冠，冕服形式在中国亦随之终结，但其封建等级的实质内容至民国建立才完全废除。

(3) 西周冕服结构与工艺图

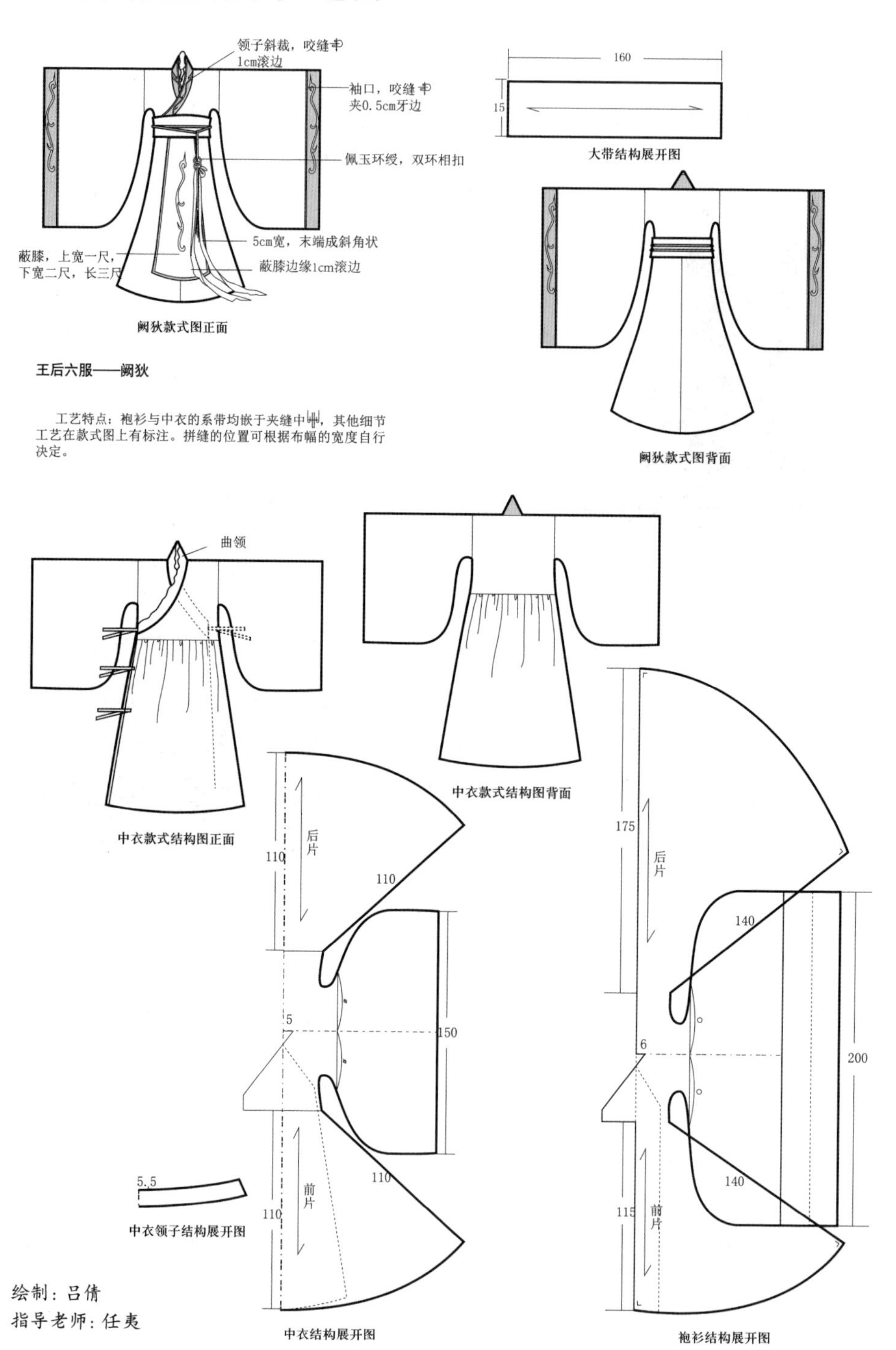

3. 先秦主要服饰

从公元前 9 世纪到公元前 8 世纪，也就是距今大约 2800 多年前，基本安定的社会秩序被打破，周王室走向衰落。公元前 770 年，周平王被迫东迁，这不仅标志着周天子权威的失落，而且意味着中国历史从此进入了诸侯纷争、列国争雄的春秋战国时代，正如史书所载，此时“争地以战，杀人盈野；争城以战，杀人盈城”。面对这一现状，人们不得不重新思索究竟如何才能使普遍混乱的社会从无序走向有序。在这动荡的时代里，各民族文化经过长期冲突与融合，出现了学派林立、诸家竞起的百家争鸣局面。

诸子百家所争论的问题，对当时的服饰文化也产生了影响。儒家代表人物孔子痛恨世风日下，所以竭力主张复古，提倡以礼、仁为治世之本来维护西周的等级制度；墨家则提倡“节用”，主张衣冠服饰及其他生活用品只求“尚用”，不必过分豪华，更不必拘泥于烦琐的等级制度，正所谓“食必常饱，然后求其美；衣必常暖，然后求其丽；居必常安，然后求其乐”。继孔、墨之后，荀子从封建制度的要求出发，提倡“冠弁衣裳，黻黼文章，雕琢刻镂，皆有等差”。而法家代表人韩非则在否定天命鬼神的同时，提出“崇尚自然，反对修饰”。《墨子・公孟篇》曰：“昔者齐桓公，高冠博带，金剑木盾，以制其国，其国治。昔者晋文公，大布之衣，牂羊之裘，韦以带剑，以治其国，其国治。昔者楚庄王，鲜冠组缨，缝衣博袍，以治其国，其国治。昔者越王勾践，削发文身，以治其国，其国治。”这段话记录了百家争鸣时期服饰多样化的真实情况。

春秋战国时期，随着政治体制的转变和新贵族的兴起，显示高贵身份的各种服饰越来越多，并带动了纺织业的发展。其时服饰品质精良，纹样和色彩极尽富丽华美，具有传统优势的楚国始终居于领先地位。湖北江陵马山一号楚墓出土了大批丝织品与服装，这是中国纺织刺绣文物最丰富的一次发现。其中 21 件是刺绣品，服装有绣罗单衣、锦面棉衣、绢面夹衣、纱面棉袍、绣绢绔、绢裙等，花纹大致可分为几何纹、植物纹、动物纹和人物纹，其中龙、凤纹的图案最多，凤的形象最为奇特、华丽，表现出楚人对凤的喜爱（见图 1-1-37—1-1-44）。

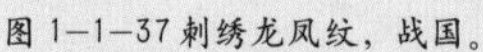

图 1—1—37 刺绣龙凤纹，战国。

图 1—1—38 刺绣龙凤纹，战国。

图 1—1—39 刺绣舞龙凤纹，战国。

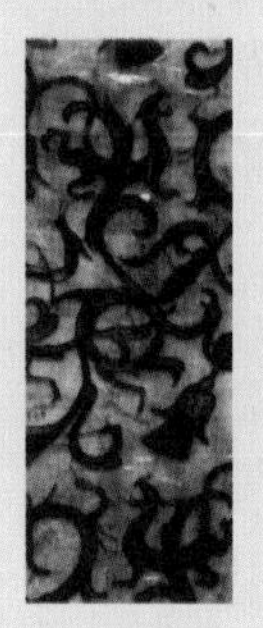

图 1—1—40 战国楚墓出土的龙凤虎绣纹。

图 1—1—41 战国楚墓出土的蟠龙飞凤纹绣绢面衾。

图 1—1—42 战国墓出土的刺绣对凤纹。

图 1—1—43 战国墓出土的刺绣凤纹。

图 1—1—44 战国墓出土的龙凤纹锦绣。

(1) 弁服

弁服即首服，也称“头衣”，是用来遮头蔽首的服饰，包括冠、巾、帻、帽等，以及用来固定与装饰头发的物件。古训有“身体发肤，受之父母，不敢毁伤”之谓，所以一个人自出生至去世，头发都不能剪，而头发长长后容易散乱，就得想办法把它固定好，簪、钗、巾、冠等约束头发的物品就自然地出现了。随着礼仪文化的需要，象征身份标志的各种冠也随之出现。在古代，弁的重要性仅次于冕冠。《周礼·夏官》载，“王之皮弁会五彩玉璂，象邸玉笄”，描述的就是嵌饰美玉珍珠、犹如繁星的皮帽。象邸指弁内用于支撑的象骨。从形制上看，弁上锐小，下广大，就像人的两手做相合状。弁有爵弁、皮弁、韦弁之分。(见图 1-1-45—1-1-47)

爵弁　形制如冕，但没有前低之势，且无旒，在綖（覆盖在帽子上的装饰物）下做合手状，它是次于冕的一种首服，其色彩赤中带黑。戴爵弁时亦用笄贯于髻中。与其相搭配的是上身着纯衣（丝质），下身着纁裳，颜色与冕服相同，不过不加章彩纹饰。前用韎韐（赤黄色的皮革，当作蔽膝）以代冕服的韨。爵弁服饰在古代是士助君祭祀的服饰，也是士的最高等级的服饰，

图 1-1-45 明代弁。

图 1-1-46 韦弁。(图片来源于《金陵古版画》)

图 1-1-47 皮弁。(图片来源于《金陵古版画》)

亦可用作士的迎亲服。

皮弁 古代天子受诸侯朝觐于庙时，一般戴皮弁。其形制如两手相合状，白鹿皮质地，皮上有浅毛，白色中带些浅黄色。戴皮弁时则服细白布衣，下着素裳，裳有襞积（打折）在腰部，其前面也系素韠（蔽膝）。素是指白缯（缯，古代对丝织品的总称），无纹饰。除天子外，诸侯也可用作朝服，以五彩玉装饰多少来区别等级。皮弁服是一套级别低于爵弁的白色首服。

韦弁 “凡兵事韦弁服”。韦指靺韦，是一种染成赤色的熟皮，与韦弁相配的衣裳用同样的材质。弁、衣、裳的色彩均为赤黄色。如不是兵事用，衣则为靺，下裳着素色。

此外，尚有冠弁。甸即田猎，古代以田猎习兵事，冠弁即古代的委貌冠，后世把此种冠弁通称为皮冠，以玄色为之，与之相配的上衣为缁布衣，下裳为积素裳。

(2) 元端

元端是先秦除适用于特定场合的冕服、弁服外，用途最广的一种服饰，天子与士皆可穿。元端为国家规定的服饰，所谓元端，是取其端正之意。其衣袂皆二尺二寸，衣长亦二尺二寸，又因其用玄色且正幅不削，因而取名为元端。元端随服用者身份不同而有不同用色。诸侯、上士用素裳，中士用黄裳，下士则用杂裳。杂裳即前用元色（黑色）后用黄色，并用缁带佩系如裳色的蔽膝。元端亦为天子的斋服及燕居之服（天子斋服用冕）。元端服和皮弁服同为无纹饰章彩的一种服饰。

(3) 深衣

春秋战国的深衣是一种经过改革的服装，它不同于之前不相连属的上衣下裳，而演变成上下一体的服饰。《礼记 · 深衣篇》郑玄注：“深衣，连衣裳而纯之以采者。”唐代孔颖达对郑玄的注进一步作疏曰：“此深衣衣裳相连，被体深邃，故谓之深衣。”《礼记·深衣》把这种服装的制度与用途说得很详细：“深衣盖有制度，以应规、矩、绳、权、衡，短毋见肤，长毋被土，续衽勾边，要缝半下。”这种衣服还“可以为文，可以为武，可以摈相，可以治军旅，完且弗费，善衣之次也”。深衣是战国至西汉时广泛流行的服装样式，这种服饰在春秋战国出现后，备受欢迎，不论男女贵贱、文武职别，都以穿着深衣为尚。深衣有一个特点值得关注，叫作“续衽勾边”。“衽”是指衣襟，“续衽”就是指延长衣襟；“勾边”是指衣襟边缘的装饰。当时还没有出现有裆的裤，《说文》：“绔，胫衣也。”人们认为，“膝以上为股，膝以下为胫”，因此胫衣是两条裤管并不缝合的套裤，当时的人还要在股间缠裈（一种有裆的裤，因形似犊鼻，故名犊鼻裈，以三尺布做成类似今天我们看到的日本忍者的内裤）。而上层人士，特别是妇女为了使这样一套不完善的内衣不至外露，下摆不开衩。《墨子・公孟篇》认为揭开外衣和裸体一样不文明。既不开衩口，又要便于举步，于是出现了这样一种用曲裾交掩的服饰（见图 1-1-48—1-1-50）。通过“续衽勾边”能起到遮羞并符合礼制的作用。古代服装没有扣，穿深衣时把加长的衣襟绕身体几周后用大带（丝织物织成）或革带束系于腰间，革带两端

图 1-1-48 楚国妇女装束，作者：任夷。《尸子》中载：“楚灵王好细腰，而国中多饿人。”此时，男子亦尚细腰，是当时风尚所趋。

图 1-1-49 人物龙凤帛画，战国。此画在当时丧仪中有引导死者灵魂升天的用意。画中贵妇着曲裾深衣袍，腰系大带。

图 1–1–50 战国时期着褒衣博袖、宽衣博袍的男子，作者：任夷。着装特点：衣作绣，锦为缘，作规矩图案，腰束大带。发髻向后倾，并延伸成后世“银锭式”或“马鞍翘”式样。此发式为挽发辫盘于头上再罩一帽箍。此时男女衣着多趋于瘦长，领缘较宽，绕襟旋转而下，色彩缤纷。

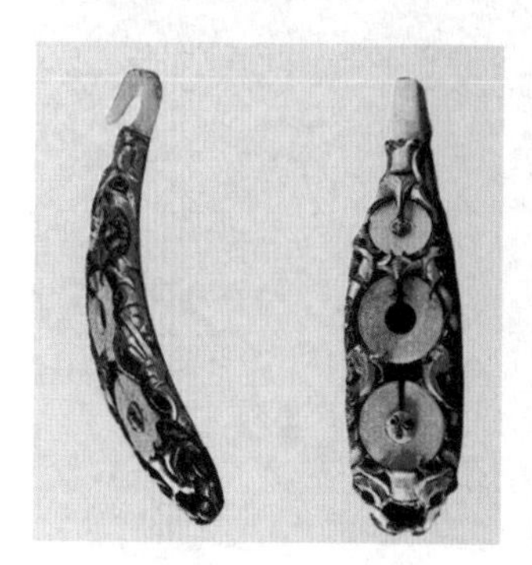

图 1–1–51 包金嵌玉银带钩。

图 1–1–52 金银错铲形带钩。

专门用钩子连接，名叫“带钩”[6]（见图 1-1-51—1-1-56）。魏晋以后，由于被别的服式取代，深衣逐渐消失。

[6] 带钩的使用，最早可上溯到春秋时期，在山东、陕西、河南、湖南等地的春秋墓葬中屡有实物发现。据史料所述，其极有可能出自胡俗，由于结扎起来比绅带便利，故逐渐被普遍采用，取代了丝绦的地位。至战国后，王公贵族、社会名流都以带钩为装饰，形成一种时尚，带钩的制作也日趋精致。南北朝以后，一种新的腰带“蹀躞带”代替了带钩，蹀躞不用带钩，而用带扣，带钩也随之消失。

图 1—1—53 金银错带钩。 图 1—1—54 嵌玉螭龙纹带钩。

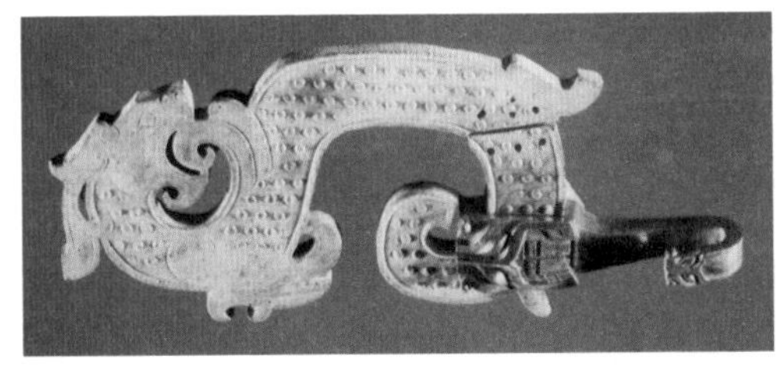

图 1—1—55 玉龙附金带钩，西汉早期，广东省广州市南越王墓博物馆藏。

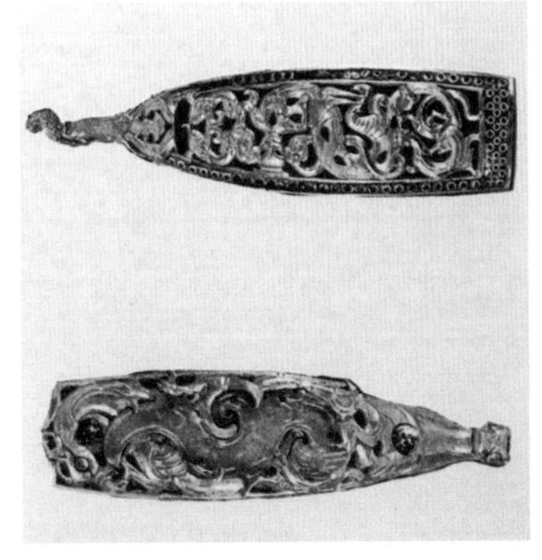

1—1—56 黄金嵌玉带钩。

(4) 胡服

胡服与中原地区宽衣博带式汉族服装有较大差异，一般为短衣、革带、长裤、革靴或裹腿，衣身合体、衣袖瘦窄，便于活动。战国末年，发生了历史上有名的赵武灵王“胡服骑射”的变服事件。当时战国七雄之一的赵国，地处北方，与林胡等少数民族接壤。这些少数民族生活在崇山峻岭和起伏不平的丘陵地带，常年从事放牧、狩猎，娴于骑射。他们经常向南入侵，抢掠财物，俘虏人口，不断给中原的人们带来安全威胁和苦难。尽管赵王对这些民族的征讨一直在进行，但因为中原人的作战方式是以适合平原作战的战车为主，不适合山区的道路，所以每次作战总不能获得全胜。要征服这些民族，只有改变作战方法。中原传统战服于作战不利，传统的上衣下裳大袖长裙的深衣行动不便（见图 1–1–57），很不适合崎岖山路的短兵相接与骑马作战，于是改变服饰成了一件有关增强国力的大事。赵武灵王几经周折，以国君的身份于作战中带头穿起了紧身窄袖、长裤皮靴的胡服。胡服被采用后，赵国很快强大起来。“胡服骑射”的故事表明，服装的实用性功能不可忽视。宴乐

图 1–1–57 宴乐渔猎攻战纹壶，战国。图中渔猎者、士兵着短衣、长裤、革靴或裹腿，衣身合体、衣袖瘦窄，便于活动。（图片来源于《中国古代的军队》）。

图 1-1-58 采桑纹，战国。图中人物穿着中原地区宽衣博带式汉族服饰。

渔猎攻占纹壶上刻画的就是中原武士窄衣紧裤的服饰（见图 1-1-58）。革带上的带钩则成为这个时期最为时尚的服饰配件，正如史料所载：“满堂之坐，视钩各异。”

一个民族的文化在历史的演进中，吸纳异族文化和外来文化是历史的必然，也是文明进步的必备条件。变革是必然的，但每一个民族文化的形成、发展都有其内在的必然逻辑，传承是基本，否则就会被别的文化所同化。因此，立足于“以我为本”来构建民族文化的发展，广纳外来文化的优秀成分为我所用，才能不断壮大本民族的文化，使其更具特质、更具个性、更具活力。我国服装历史的改革第一人——赵武灵王从战争的需要出发，果断推行“胡服骑射”，取他人之长补己之短，首开了汉族服装变革之先河，值得后世借鉴。

(5) 先秦战甲

夏商周三代没有铠，只以皮革为甲。《释名》记载：“铠或谓之甲，似物浮甲以自御也。”根据出土的实物来看，战国以前战甲多以犀牛、鲨鱼、兕（类似犀牛的动物或雌犀牛）等皮革制成，戎服从头到脚均为皮革所为，甲片连接处用甲绳穿联，使用时要整理穿贯好，甲片上各色髹漆（见图 1-1-59）。

图 1-1-59 先秦作战场面（图片来源于《中国古代的军队》）。

周代的兵事之服，除甲胄外，一般都为

赤色（比朱深一些的颜色，近乎纁）。《周礼・春官》载：“凡兵事韦弁服”，即以赤黄色的熟皮革为弁和衣裳。有史料载，赵国卫护王宫的卫士，都服黑衣，其他诸国虽缺少资料记载，但猜想亦应如此。在甲的外面，披以外衣或精美战袍，叫作衷甲，即甲不显露在外。

战国诸侯争霸、群雄割据，在这个时期，我国古代的各种思想学说、科学文化得到很大发展，同时也带动了军事装备制造技术的进步。《战国策・韩策・苏秦说韩章》中有“当敌即斩坚甲、鞮、鍪、铁幕、革抉”的描述。甲为古之戎衣，用革或铁叶为之；鞮为革履，是用兽皮做的鞋子；鍪是兜鍪，即首铠；铁则是以铁为臂、胫之衣；革抉是古代弓箭手戴在右手大拇指上用以钩弦的工具，以革为之，故称。从文献中看，战国已出现以铁为材料的戎服，但所遗存的实物不多，铁甲当属极少数（见图 1-1-60—1-1-61）。

图 1-1-60 兽面纹胄，商墓出土，江西省博物馆藏。这个时期的盔帽，称兜鍪，又称胄、首铠、头鍪或盔，其形制各不相同，有用小块甲片编缀成一顶圆帽的，也有用青铜浇铸成各种形状的。在一些铜盔的顶端，还往往竖有一根铜管，以便在使用时插上翎及缨等饰物。这种铜盔的表面，大多打磨得比较光滑，而里面却粗糙高低不平，由此推断，当时戴这种盔帽的武士，头部要裹头巾。

图 1-1-61 铁头盔，春秋，辽宁宁城出土。

(6) 先秦最具代表性的服饰结构与工艺图

绘制：吕倩
指导老师：任夷

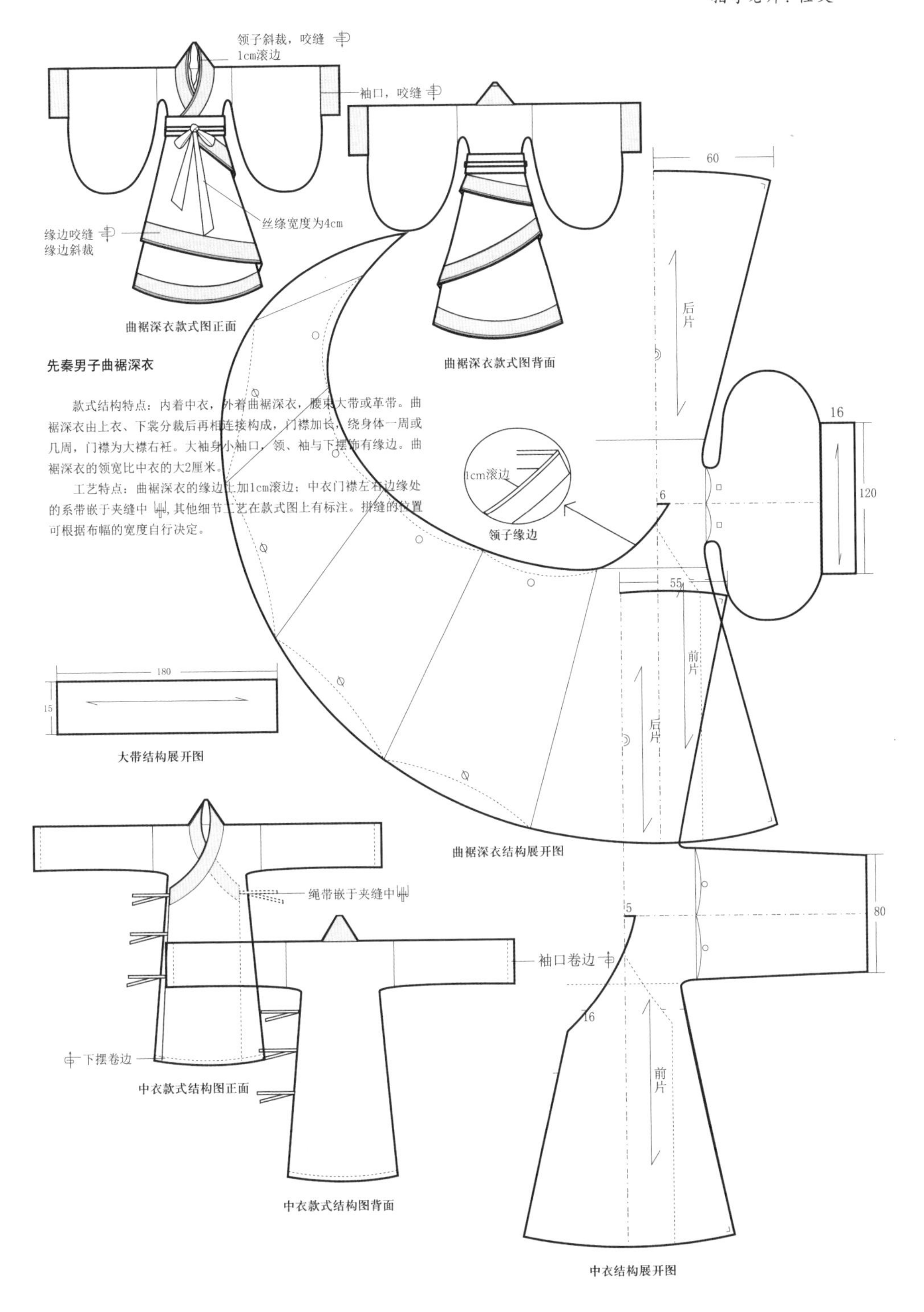

曲裾深衣款式图正面

曲裾深衣款式图背面

先秦男子曲裾深衣

款式结构特点：内着中衣，外着曲裾深衣，腰束大带或革带。曲裾深衣由上衣、下裳分裁后再相连接构成，门襟加长，绕身体一周或几周，门襟为大襟右衽。大袖身小袖口，领、袖与下摆饰有缘边。曲裾深衣的领宽比中衣的大2厘米。

工艺特点：曲裾深衣的缘边上加1cm滚边；中衣门襟左右边缘处的系带嵌于夹缝中，其他细节工艺在款式图上有标注。拼缝的位置可根据布幅的宽度自行决定。

大带结构展开图

曲裾深衣结构展开图

中衣款式结构图正面

中衣款式结构图背面

中衣结构展开图

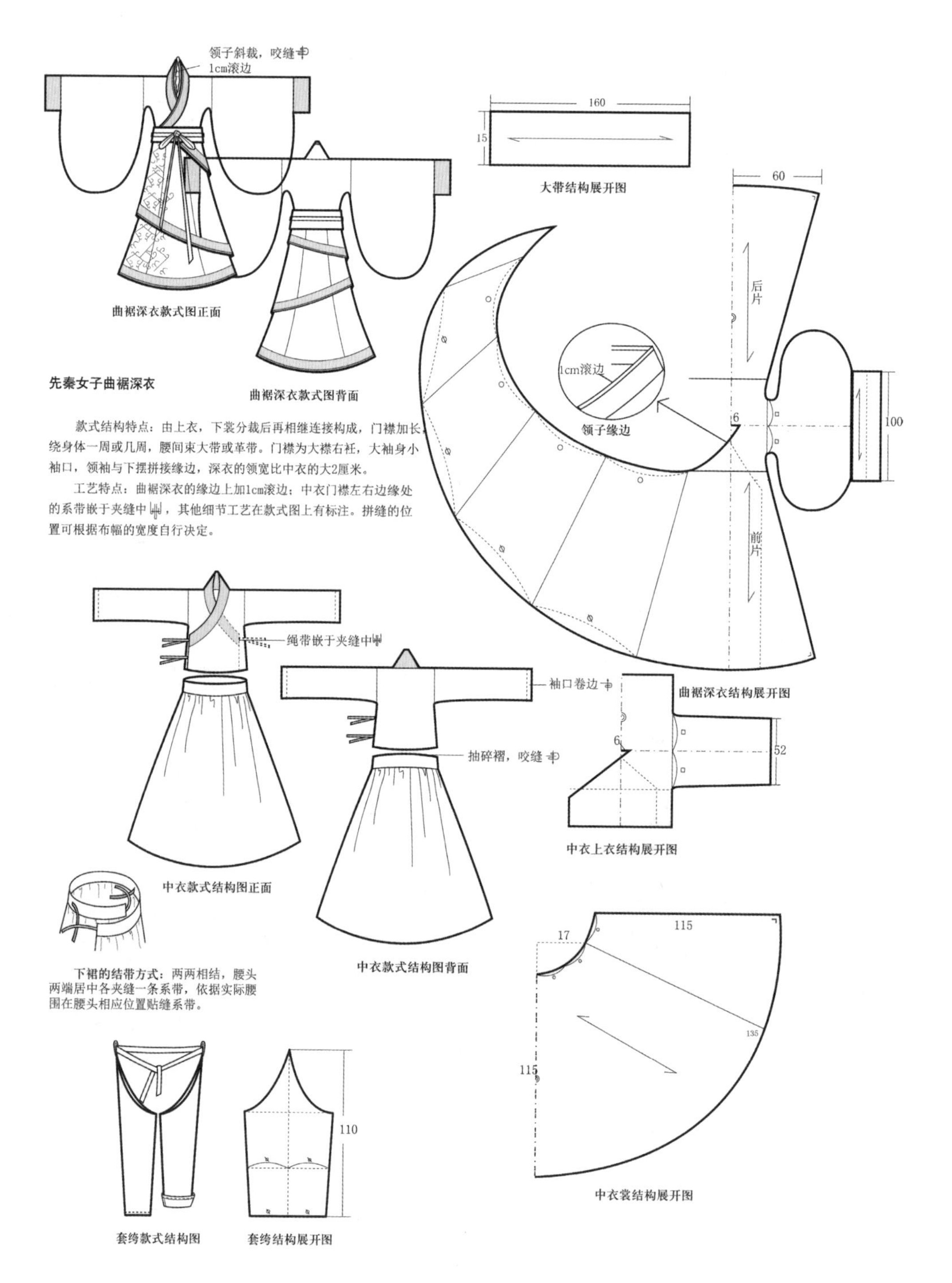

思考题：

1. 服装源起的因素有哪些？
2. 用图文说明冕服的构成特点。
3. 用图文说明春秋战国服饰在形态和内容上有什么变化。
4. 怎样理解历史上的“胡服骑射”？

第二章 秦汉服饰

经过多年兼并战争，秦王嬴政终于完成统一大业，建立了中国历史上第一个统一帝国——秦王朝（公元前221年—公元前207年）。秦始皇在完成统一中国大业的同时，兼收了六国的车旗服御，创立了各种制度，其中包含服饰制度。秦汉的服饰制度较先秦得以进一步规范，等级制度更加完善。这些制度的确定，对汉代（公元前206—公元220年）影响很大，汉代大体上承袭了秦代的遗制。

由于秦王朝的暴政使得民不聊生，公元前207年，过于严酷的秦王朝统治被农民起义所推翻，取而代之的是刘邦建立的汉帝国王朝。至汉武帝时，国力强盛，武力开通了与西方的交往，著名的丝绸之路就是在这时形成的。西汉的张骞、东汉的班超也都以通西域而名垂青史。所谓西域，泛指塞外以西的新疆以及中亚和西亚的辽阔地域。中原人沿着丝绸之路，开始与中亚、西亚乃至南欧进行文化与物质上的交流，使汉帝国声名大震，其文化也随之传播四方，因而人们习惯以“汉”指称中华民族，相沿至今未改。帝国的强盛和丝绸之路的开通，使歌舞升平、灯红酒绿的贵族们崇尚奢华，以至其奴婢侍从的服饰也“文组彩牒，锦绣绮纨”（《后汉书》）。服饰制度趋于完善的同时，服饰的纹样枝蔓缠绕、行云流水，展现出贵气华丽的风格。皇族的服装和装饰成为上流社会竞相追求的时尚潮流，头饰中的金步摇、男装腰饰带钩成为时尚的象征。另一方面受南方楚文化的影响，衣着方面有楚衣、楚冠出现。从出土的楚俑中，可看到男女衣着领缘较宽，绕襟盘旋而下，腰线下移，衣着以展现多层为特点，红绿缤纷，华美异常。服装常采用印、绘、绣等工艺装饰手段。织锦作为衣服缘边的装饰，材料细薄、工艺精美，体现出其织造技术达到了极高的水平。通过楚墓彩绘俑及出土实物可以看出，其服装剪裁方法亦相当经济，且材料的处理极重实用。如南方夏季炎热，衣着主要部分多用极薄的绮罗纱壳，衣服的边缘则用较宽的织锦，以免紧贴身体，既方便行动又利于散热（见图1-2-1—1-2-6）。

汉朝继秦朝以后，纺织业的发展亦形成一个高峰期。中央设立有织室，直辖各地的官府纺织工场。民间以家庭为单位的个体纺织业更是充满活力，遍地开花。随着纺织业规模的扩大，社会消费的纺织品数量骤增，皇室用于赏赐的纺织品数量更是惊人，汉武帝曾一次赏赐丝绸达百万匹。“纨绔子弟”成语即出于此时（纨是齐鲁特产，单色而质地柔软，专用作贡品）。在对外贸易中，丝绸成为中国输出的主要商品。与此同时，纺织机械也有所改进，商周以来所

图 1—2—1 穿绕襟深衣的女子彩绘木俑。西汉，湖南长沙马王堆汉墓出土。

图 1—2—2 戴长冠穿深衣的官吏。西汉，湖南长沙马王堆汉墓出土。

图 1—2—3 着三重曲裾深衣者。汉，彩绘女侍俑。

图 1-2-4 梳垂髻、着三重袍衫的女乐人。彩绘陶俑，西汉，陕西白鹿原汉窦太后陵出土。

图 1-2-5 素纱单衣，湖南长沙马王堆 1 号汉墓出土，现藏马王堆博物馆。

图 1-2-6 绣罗绮镶边曲裾深衣。湖南长沙马王堆 1 号汉墓出土，现藏马王堆博物馆。

使用的手摇纺车和立式织布机改革为脚踏纺织机，加上印染技术的专业化，涌现出了大量新的纺织品。汉墓马王堆出土的服饰中就有丰富的衣、袍及其饰品，如素纱单衣、素绢丝绵袍、朱罗纱绵袍、绣花丝绵袍、黄地素缘绣花袍、绛绢裙、素绢裙、素绢袜、丝履、丝巾、绢手套等，达几十种之多；颜色则有茶色、绛红、灰、朱、黄棕、棕、浅黄、青、绿、白等；饰纹的制作技术有织、绣、绘；纹样亦有各种动物、云纹、卷草及几何纹等。其中最令人惊奇的是素纱禅衣（见图 1-2-5），整件服装薄如蝉翼，轻如烟霞。此衣长 128 厘米，两袖通长 190 厘米，在领边和袖边还镶着五六厘米宽的夹层绢缘，但整件衣服的重量仅有 48 克，是一件极为罕见的稀世珍品，可见其织造技术之高超，这一切都为服装的华丽与多彩奠定了坚实的基础。

1. 秦朝兼具功能与审美的军戎服饰

我国古代历史上现存军服资料最全面、最准确、最详细的当属秦代，这归功于秦始皇陵兵马俑的发现。从目前在陕西临潼一、二、三号坑内发掘出土的陶俑来看，这些兵马俑神态自若，表情栩栩如生，雕塑手法极为写实。秦代出土的兵俑分为将军俑、军吏俑、骑士俑、射手俑、步兵俑、驭手俑等，他们所着的甲衣可分为两种基本类型：一种是护甲，由整片皮革或其他材料制成，上嵌金属或犀皮甲片，四周留有宽边，主要是军队中指挥人员的装备；另一种是铠甲，均由正方形（或长方形）甲片编缀而成，穿时从上套下，再用带钩扣住，铠甲里面衬以战袍，这类大多为普通兵士的装束。尽管这些铠甲的形制有所不同，但编缀的方法大都一样，分固定甲片与活动甲片两种。固定甲片主要用于胸前和背后；活动甲片主要用于双肩、腹部、前腰和领口。步兵穿的甲衣，衣身较长，而骑兵穿的甲衣，衣身较短，原因是骑马作战穿长甲不方便。普通士兵的甲衣，甲片较大，结构也比较简单；而驭手穿的甲衣则比较复杂，因为驭手的任务是驾驭战车，常奔驰在军阵之前，最容易受到敌方的袭击，所以铠甲结构比较齐全。身份较高官员的铠甲的构造就更为复杂，甲片也打制得很小，有的还绘有精致花纹。从秦俑军阵威武的气势、铠甲服饰装束中因等级差别以及作战需要所表现出的设计差异，我们能感受到秦代战服是集审美与实用于一体的（见图 1-2-7—1-2-19)。

图 1-2-7 左一为将军，头戴长冠，身着双重战袍，下着缚裤，外罩铠甲；中为驭手，头戴长冠，身着战袍，外罩重铠甲，下着长裤，外加裹腿；右一为车士，头戴介帻，身着战袍，外罩长铠甲，下着长裤，外加膝缚。

图 1-2-8 左一为骑兵，头戴弁冠，身着战袍，外罩短铠甲，下着瘦长裤；中为射手，头梳偏右圆髻，身着战袍，腰系革带，下着长裤，外加膝缚；右一为轻装步兵，头戴梳偏右式圆髻，身着战袍，腰系带，下着长裤或外加裹腿。

(1) 将军铠甲

将军铠甲为临阵指挥的将官所穿(见图1-2-7左一)。铠甲的前胸、背后均未缀甲片，似以皮革或一种质地坚硬的织锦制成，其上绘几何形彩色花纹。甲衣的前胸下摆呈尖角形，后背下摆呈平直形，周围留有宽边，也用织锦或皮革制成，上有几何形花纹。胸部以下，背部中央和后腰等处，都缀有小型甲片。全身共有甲片160片，甲片形状为四方形，每边宽4厘米。甲片的固定方法是用皮条或牛筋将其穿成组，呈“V”字形，并钉有铆钉。另在两肩装有类似皮革制作的披膊，胸、背及肩部等处还露出彩带结头。整件甲衣前长97厘米，后长55厘米。

(2) 兵士铠甲

秦代兵士铠甲是秦兵俑中最为常见的铠甲样式(见图1-2-9)。这类铠甲有如下特点：胸部的甲片都是上片压下片，腹部的甲片则是下片压上片，以便于活动。从胸腹正中的中线来看，所有甲片都由中间向两侧叠压，肩部甲片的组合与腹部相同。肩部、腹部和颈下周围的甲片都用连甲带连接，所有甲片上都有甲钉，其数为二或四不等，最多者不超过六枚。甲衣的长度，前后相等。其下摆一般多呈圆弧形，周围不另施边缘。

图1-2-9 秦俑中的普通士兵装束，作者：任夷。头挽发束髻，上身外披甲衣，前胸后背着裲裆甲，又加以肩甲。甲衣下着战袍，长至膝。穿宽口裤，腿束行縢，足着行袜、战靴。

(3) 首服

秦代军官戴冠，士兵不戴冠。秦代兵俑的首服大致分四类。一类为文吏帻，有两种：一种为骑兵俑、军吏俑所戴，似用皮革制成，罩于发髻，用带系于颌下；另一种为将军头上所戴，帻上插有一种鸟的羽毛，也称帻。第二类是冠，为骑兵所戴，其形态与汉代的武冠很接近，只是体积较小。第三类从形象上看应该称为帽。第四类是髻，髻的梳法很多（见图 1-2-10）。

图 1-2-10、1-2-11、1-2-12 秦汉军戎服饰。(图片来源于:《中国古代的军队》)

图 1-2-13 兵马俑中部分秦军的发式及冠式，从左至右依次为带长冠的壮年军官、带长冠的青年军官、梳偏右圆锥式髻的壮年军士或士卒、带冠弁的壮年军士、戴长冠或介帻的青年军士、戴冠弁的青年军士。

图 1-2-14 秦始皇陵二号坑，梳偏右圆髻武士俑头像。

图 1-2-15 秦始皇陵一号兵马俑坑中头戴长冠御手。

图 1-2-16 秦始皇陵三号兵马俑坑中军吏俑发式。

图 1–2–18 骑兵头戴冠弁，身着战袍，外加铠甲。

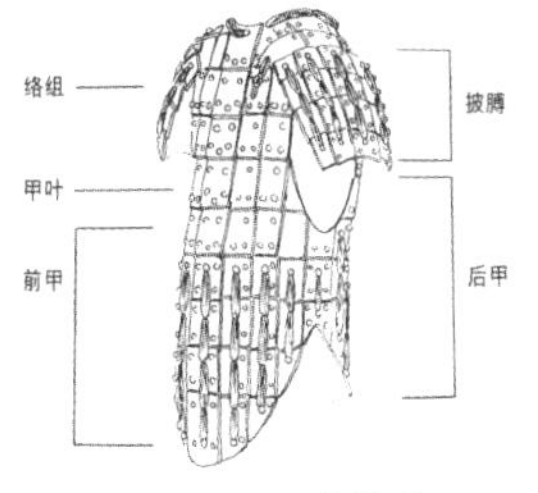

图 1–2–19 铠甲结构图。

图 1–2–17 秦始皇陵铜车马御者，头戴长冠，身着战袍外着围裳，腰系丝绦佩玉环绶。

2. 秦、汉皇帝冕服

秦自以为得水德，衣服尚黑。汉因秦制，亦尚“袀玄之色”，汉代文官皆着黑衣。《汉书·萧望之传》载：“敞备皂衣二十余年。”《论衡·衡材篇》说：“吏衣黑衣。”东汉永平二年（公元 59 年），汉明帝诏有司博采《周官》《礼记》《尚书》等史籍，重新制定了祭祀服饰及朝服制度，冠冕、衣裳、鞋履、佩绶等各有等序（见图 1–2–20、1–2–21）。

图 1–2–20 秦朝冕服，作者：任夷。

图 1–2–21 汉朝冕服，作者：任夷。

3. 男子服饰

（1）袍

秦汉男子服饰，以袍为贵。《中华古今注》称："袍者，自有虞氏即有之，故《国语》曰袍以朝见也。秦始皇三品以上绿袍，深衣。庶人白袍，皆以绢为之。"袍的基本样式以大袖为多，袖口有明显的收敛，领、袖都饰有花边。袍服的领子以袒领为主，大多裁成鸡心式，穿时露出内衣。袍服下摆，常打一排密裥，有的还裁制成月牙弯曲状。这种袍服是官吏的普通装束，不论文武职别都可穿着。在整个汉代四百年间，这种袍服还可以当作礼服。从出土的壁画、陶俑、石刻来看，这种服装只是一种外衣，凡穿这样的服装，里面一般还衬有白色的内衣，也叫单衣，形制与袍略同，唯不用衬里。文吏穿袍服，头上必须裹以巾帻，并在帻上加戴进贤冠。按汉代习俗，文官奏事，一般都用毛笔将所奏之事写在竹简上，写完之后，即将笔杆插入耳边发际，以后形成一种制度，凡文官上朝，皆得插笔，笔尖不蘸墨汁，纯粹用作装饰，史称"簪白笔"（见图1–2–22）。

图 1–2–22 秦汉官吏的普通装束，作者：任夷。

（2）佩绶

汉时职官有佩印绶之制，每官必有一印，一印则随一绶，绶为用来悬挂印佩的丝织带子。这种绶带和官印一样，都由朝廷统一发放，因为专用于印，所以也称"印绶"。印的质料视官阶高低，有玉、金、银、铜质区别；绶的长短、色彩和编织的疏密也各有差异，成为权贵们最重要的佩饰。

根据汉朝制度规定，职官平时在外必须将官印随身携带。通常的做法是将印章放在一个特制的鞶囊里，再将鞶囊系佩在腰间。而为了向人们显示官阶身份，在放置官印时，必须将官印上的绶带垂露在外。有资料载，新莽末年，商人杜吴攻上斩台杀死王莽后，首先解去王莽的绶，而未割去王莽的头。从这里可以看出绶的重要性。

图 1-2-23 戴长冠穿深衣的侍女，长沙马王堆1号汉，湖南省博物馆藏。

（3）曲裾深衣

秦汉时期，无论官员或平民，多穿着曲裾深衣，通过门襟延长，其可沿身体缠绕数层，将身体全部遮掩，深邃而严密，身份越高的人缠绕圈数越多。穿着深衣，一是礼制的需要，二是中原人原本不穿裤子，着曲裾深衣也是为了不露体，以免不雅。其时上至百官，下至平民，都以深衣为常服。东汉以后，由于裤子的出现，直裾开始流行，所用布料比深衣节省约40%。曲裾多见于西汉早期，到东汉，男子穿曲裾深衣者已经少见，一般多为直裾之衣，但并不能作为正式礼服（见图 1-2-23）。

4. 妇女服饰

（1）襦裙

上襦下裙的女服样式，早在战国时代已经出现。到了秦汉，除深衣外，襦裙也成为这时期女服的时尚款式，多为年轻女子穿着，在汉乐府诗中就有

图 1-2-24 襦裙服，作者：任夷。此图为汉乐府《陌上桑》中采桑姑娘罗敷的装束，“湘绮为下裙，紫绮为上襦。”

不少描写。《陌上桑》中载：“头上倭堕髻，耳中明月珠。湘绮为下裙，紫绮为上襦。”这个时期的襦裙样式，一般上襦极短，仅长至腰间，而裙子很长，下垂至地，是与深衣不同的另一种形制，即上衣下裳制。襦裙是古代妇女服装中最主要的形式之一，自战国乃至明清，前后两千多年，尽管长短宽窄时有变化，但基本形制始终保持着最初的特征（见图 1-2-24）。

（2）妇女的曲裾深衣

汉朝曲裾深衣不仅男子可穿，亦是女服中最为常见的一种服式，形象资料中有很多反映。这种服装通身紧窄，长可曳地，下摆一般呈喇叭状，行不露足。衣袖有宽窄两式，袖口大多镶边。衣领部分很有特色，通常用交领，领口很低，以便露出里衣。凡穿几件衣服，每层领子必露于外，最多的达三层以上，时称“三重衣”（见图 1-2-25—1-2-27）。

（3）直裾

汉朝的直裾男女均可穿着。这种服饰早在西汉时就已出现，但不能作为正式的礼服。因为在汉人看来，将套在膝部的裤腿露出是不恭不敬的事情。随着服饰的日益完备，尤其是裤子的形式改进，曲裾绕襟深衣已属多余，所

图 1—2—25 汉朝时髦装束，作者：任夷。梳堕马髻，饰金步摇，着三重曲裾深衣的女子。日常生活中一般发式作露髻式，即髻上不梳裹加饰也不用其他包帕或冠饰之类的东西，其中以顶发向左右平分式最普通。服饰纹样多呈枝蔓缠绕、行云流水状。

图 1—2—26 长信宫灯，河北满城刘胜墓出土。图中人物着曲裾三重深衣、半臂襦，内着中单，下着裳，外衣袖口反折，内衣袖口长大。

图 1—2—27 湖南长沙马王堆一号汉墓出土帛画局部。这张帛画中的妇女在脑后挽髻，鬓间插有首饰，老妇发上还明显地插有珠玉步摇。每人所穿的服装尽管质地、颜色不一，但基本样式相同，都是宽袖紧身的绕襟深衣。衣服几经转折，绕至臀部，然后用丝绦系束。老妇穿的服装，还绘有精美华丽的纹样，具有浓郁的时代特色。在衣服的领、袖及襟边都缝有相同质料制成的衣缘，与同墓出土的服装实物基本一致。

图 1-2-28 东汉梳垂髻、穿直裾袍服的妇女，作者：任夷。

以至东汉以后，直裾逐渐普及，替代了曲裾深衣（见图 1-2-28）。

5. 服饰纹样

随着秦汉中央集权大一统的出现，以楚文化为代表的南方巫术文化与以儒家思想为代表的北方先秦理性精神相互融合、相辅相成，共同构成了两汉服饰纹样的审美特征，其最具代表性的纹样是云气灵兽纹。云气灵兽纹表达的是鸟飞鱼跃、狮奔虎啸、凤舞龙潜、云气缭绕的极富活力与生气的理想世界。纹样的构成连绵起伏、多层叠加，流动飞扬的云气为其骨骼，灵兽纹与汉体铭文穿插其间，上下循环，左右贯通，呈现出行云流水的运动态势，没有了先秦的严肃与呆板。内容上，双菱形组合成的杯形纹寓意生活丰裕；起伏绵延的流云、波状纹构成的长寿纹以及万事如意纹、乘云纹、宜子孙纹、长乐明光纹等，都直接反映出儒道互补而呈现的向往长生不老、皇权永固、羽化登仙等祥瑞思想。丝绸之路的开通，一方面使中原文化得以对外传播；另一方面西域的文化也融入到中原的服饰纹样中，如人寿葡萄纹罽（用毛做成的毡子）等。从出土的实物来看，汉代纹样所显示出的高超艺术水平后世难以企及，堪称中华本土文化纹样艺术的典范（见图 1-2-29—1-2-35）。

图 1—2—29“乘云秀”黄绮，在绮地上用朱红、浅棕红、橄榄绿三色丝线，绣出叶瓣、云纹等，1972 年湖南长沙马王堆一号墓出土。

图 1—2—30“登高明望四海”锦，此为从中原沿丝绸之路输往新疆的实物遗存，1934 年新疆罗布淖尔出土。

图 1—2—31 云气如意纹锦，汉。

图 1—2—32 茱萸纹纱，汉。

图 1—2—33“文大”云气纹刺绣，汉。（图片来源于《中国历代传统纹样》）

图 1—2—34“延年益寿”纹锦，汉。（图片来源于《中国历代传统纹样》）

图 1—2—35“宜子孙”纹。

6. 秦汉最具代表性的服饰结构与工艺图

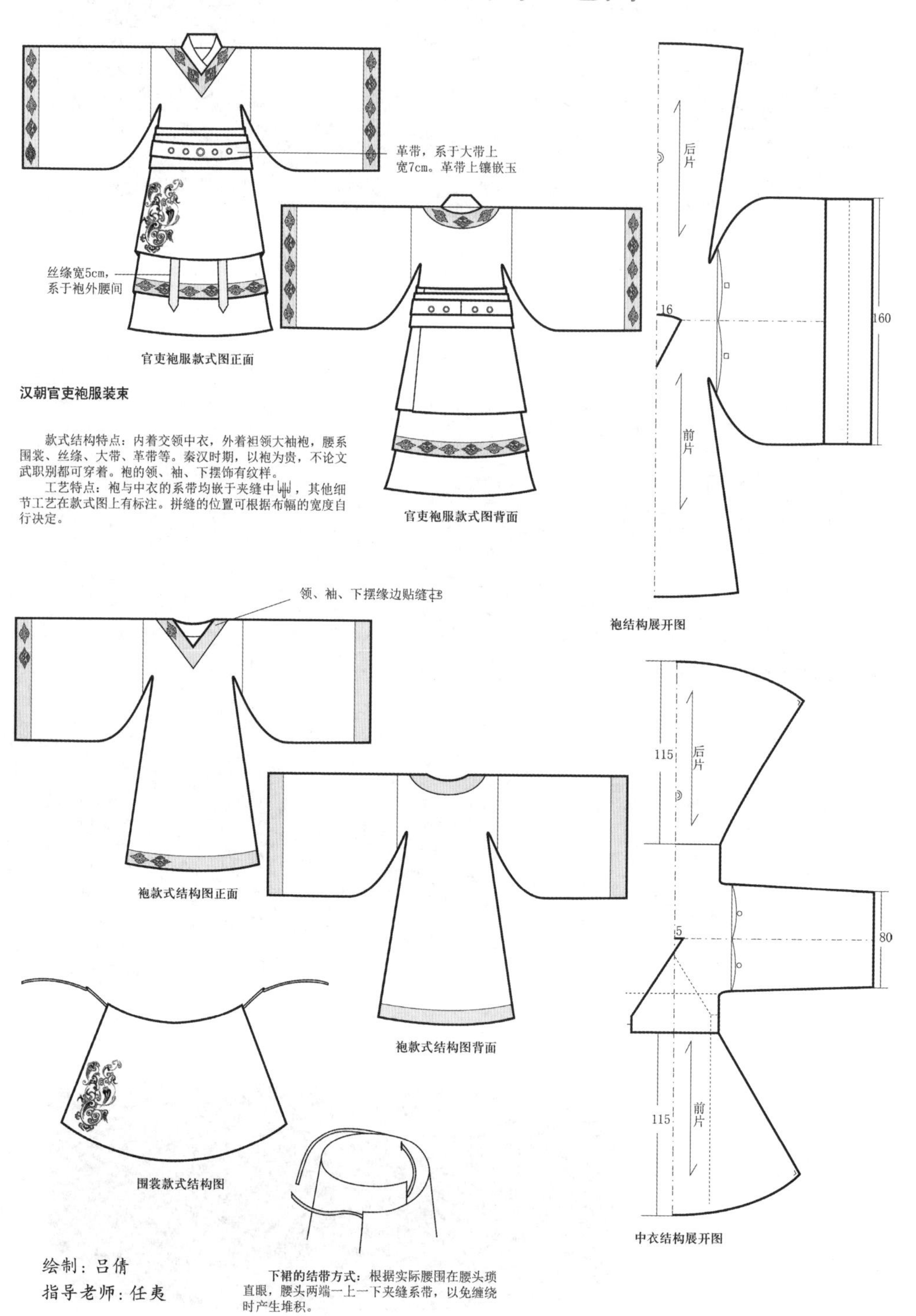

官吏袍服款式图正面

官吏袍服款式图背面

袍结构展开图

汉朝官吏袍服装束

款式结构特点：内着交领中衣，外着袒领大袖袍，腰系围裳、丝绦、大带、革带等。秦汉时期，以袍为贵，不论文武职别都可穿着。袍的领、袖、下摆饰有纹样。

工艺特点：袍与中衣的系带均嵌于夹缝中，其他细节工艺在款式图上有标注。拼缝的位置可根据布幅的宽度自行决定。

袍款式结构图正面

袍款式结构图背面

中衣结构展开图

围裳款式结构图

下裙的结带方式：根据实际腰围在腰头琐直眼，腰头两端一上一下夹缝系带，以免缠绕时产生堆积。

绘制：吕倩

指导老师：任夷

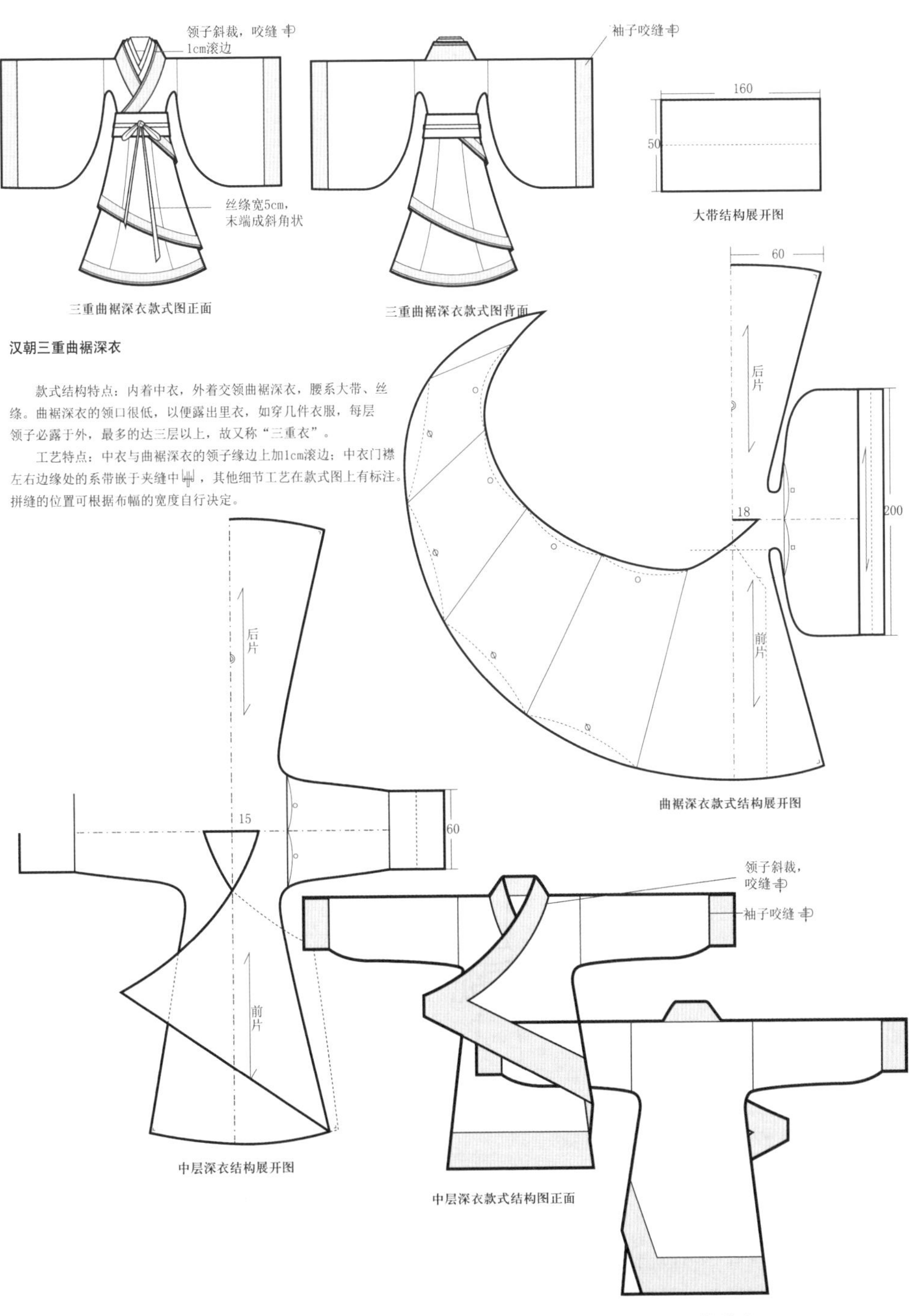

三重曲裾深衣款式图正面

三重曲裾深衣款式图背面

大带结构展开图

曲裾深衣款式结构展开图

中层深衣结构展开图

中层深衣款式结构图正面

中层深衣款式结构图背面

汉朝三重曲裾深衣

款式结构特点：内着中衣，外着交领曲裾深衣，腰系大带、丝绦。曲裾深衣的领口很低，以便露出里衣，如穿几件衣服，每层领子必露于外，最多的达三层以上，故又称“三重衣”。

工艺特点：中衣与曲裾深衣的领子缘边上加1cm滚边；中衣门襟左右边缘处的系带嵌于夹缝中，其他细节工艺在款式图上有标注。拼缝的位置可根据布幅的宽度自行决定。

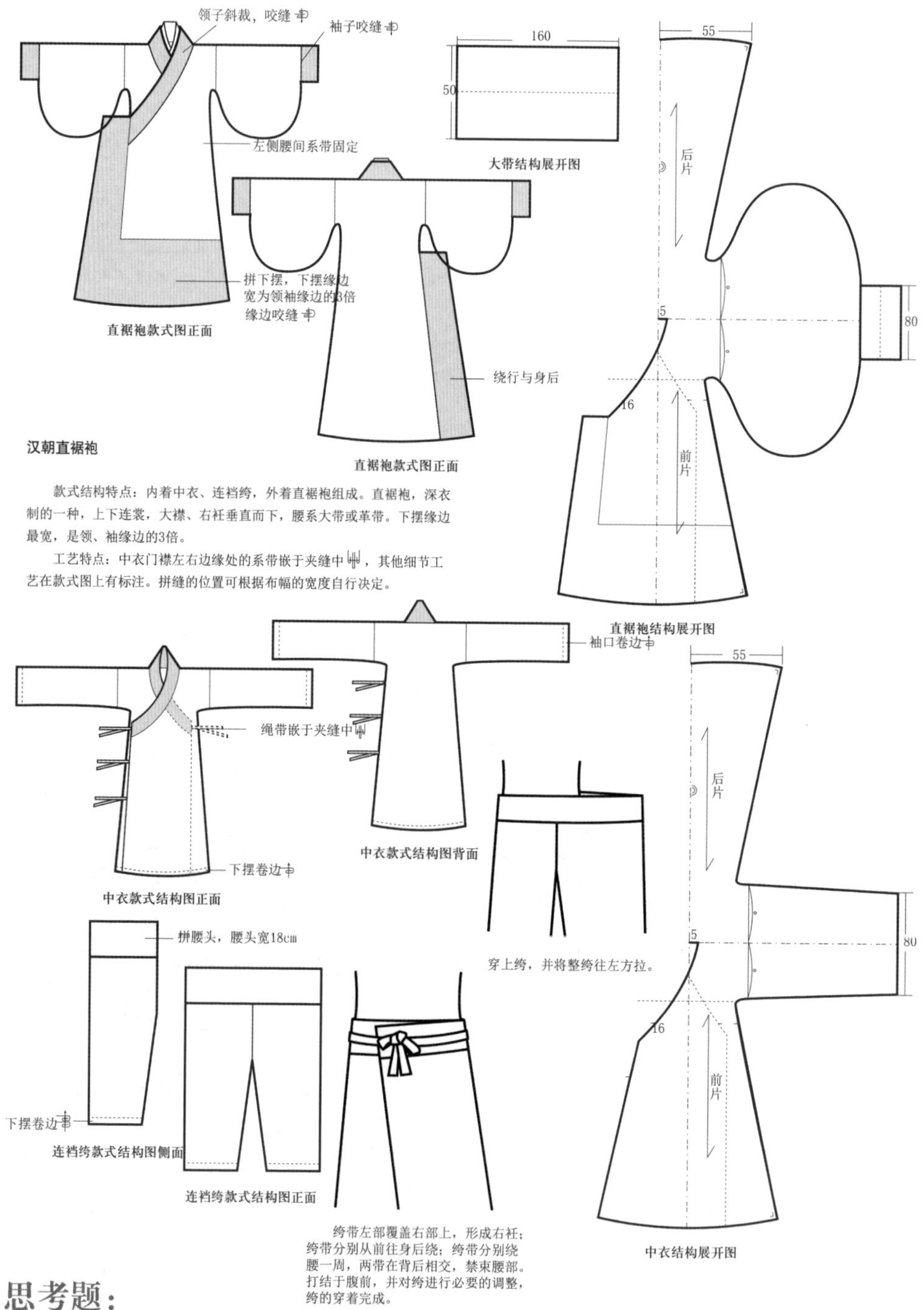

汉朝直裾袍

款式结构特点：内着中衣、连裆绔，外着直裾袍组成。直裾袍，深衣制的一种，上下连裳，大襟、右衽垂直而下，腰系大带或革带。下摆缘边最宽，是领、袖缘边的3倍。

工艺特点：中衣门襟左右边缘处的系带嵌于夹缝中，其他细节工艺在款式图上有标注。拼缝的位置可根据布幅的宽度自行决定。

思考题：

1. 用图文说明秦代战甲的作用与特点。
2. 用图文说明秦汉服饰形态的变化。
3. 用图文说明汉代服饰纹样特点及其文化内涵。

第三章

魏晋南北朝服饰

汉末，朝廷腐败，宦官外戚争斗不止，国力衰微，加上统治者对人民的残酷剥削，爆发了黄巾起义。在统治阶级着手镇压农民起义之时，周边的少数民族政权开始壮大，国内的官僚也乘机扩张自己的势力，从而形成了群雄割据的局面。从公元220年曹丕代汉称帝到公元589年隋灭陈统一全国，共369年间，政局基本上都处于动乱分裂状态。曹丕之后是司马炎代魏称帝，定国号为晋，史称西晋。之后，司马睿退据南方建立了偏安的东晋王朝，而北方则分裂成五胡十六国。再后来是鲜卑拓跋氏统一北方。至此，形成分裂对峙即历史上所称的南北朝时期。由于长期的战乱，加上天灾、疫病与饥荒，迫使广大的北方人民离井背乡向南方迁移。与此同时，成千上万的少数民族入居中原，与汉族人民杂居并长期相处，以致生活习俗包括服饰逐渐趋于融合。

动荡不安的现实，转瞬即逝的人生，使人们对儒学的信仰动摇了，对人生意义的探求转向对个体自由（尽管只是单纯精神上的自由）的追求，极端强调人格自由和独立。这种强调带有“人的觉醒”的重要意义，“不是人的外在的行为节操，而是人的内在的精神（亦即被看作是潜在的无限可能性）成了最高的标准和原则”[1]。这是魏晋南北朝能够打破儒学思想束缚，获得充分发展的重要思想原因。在叩问人生、追求个体自由观念的影响下，玄学成为门

[1] 李泽厚：《美的历程》，文物出版社，1981年，第92页。

阀世族生活的重要精神支柱，个人的才情、品貌、风度、言谈、智慧、识鉴、个性等成为人们追求的时尚。但是由于偏安南方的东晋小朝廷充满各种内在的矛盾，门阀世族的统治日趋腐朽无能、危机四伏，风靡一时的玄学清谈逐渐失去其思想的深度和精神上的慰藉力量，最后与迅速发展起来的佛学合流。杜牧诗云“南朝四百八十寺，多少楼台烟雨中”，于此可以想见当年佛教兴盛的景象。

据文献记载，魏晋时期的法定服制，仍用秦汉旧制。在南北朝，各少数民族初建政权时，仍按本族习俗穿着。建立北魏王朝的拓跋鲜卑，本是从大兴安岭的大鲜卑山迁移出来的一支狩猎民族，他们与“风土寒烈”之地的居民一样，其服装也属于衣绔式的“短制褊衣”。但入住中原后，深感汉文化的先进与强大，强烈意识到鲜卑族在文化上的巨大落差，认为以“出自边戎”的身份君临诸夏是不容易被真正接受的。扬雄[2]《法言·先知篇》曾道：“圣人，文质者也。车服以彰之，藻色以明之，声音以扬之，《诗》《书》以光之。笾豆不陈，玉帛不分，琴瑟不铿，钟鼓不耺，则吾无以见圣人矣。”因此，对于封建社会的政权来说，缺少了传统礼法观念的支撑，就不可成其为正统的封建王朝。魏孝文帝懂得这个道理，断然进行彻底的改革，要名正言顺地做正统的中国皇帝。一位统治者全盘否定其本民族的语言、礼仪、服装、籍贯乃至姓氏，魏孝文帝之举可谓是空前绝后。图 1-3-1—1-3-4 中的人物皆身着大袖宽衫长袍、蔽膝、绶带、高头大履等，完全改变了草原民族着靴、短制褊衣的旧俗。也因此，传统的冠冕服饰被保存下来，成为祭祀典礼与重大朝会时的专用服饰。

与此同时，长期的杂居与相处最终形成一种大融合的趋势。汉民族也吸收了少数民族的服饰特点，尤其受到胡服，特别是鲜卑服的强烈影响，形成了许多有特色的服饰样式。

衫、巾、漆纱笼冠是这个时期男子服饰的一大特色。大冠高履，由深衣变化而来的以宽博为特点的大袖长衫、褒衣博带，成为这一时期的主要服饰

[2] 扬雄（公元前 53 年—公元 18 年），汉族，西汉官吏、哲学家、文学家、语言学家，蜀郡成都人。

图 1–3–1 礼佛图，北魏石雕，位于河南巩义巩县石窟第一窟。

图 1–3–2 皇帝礼佛图，北魏，位于洛阳龙门石窟宾阳中洞前壁，现藏美国纽约大都会博物馆。

图 1–3–3 皇后礼佛图，北魏，位于洛阳龙门石窟宾阳中洞前壁，现藏美国堪萨斯纳尔逊美术馆。

图 1–3–4 着中原冠冕服的魏孝文帝像。（图片来源于《中国文化史图鉴》）

风格，尤以文人雅士为盛。从模印砖画《竹林七贤》所描绘的人物的潇洒超脱的着装中，可见到他们不仅崇尚穿这种宽大的长衫，而且还以此作为藐视朝廷、发泄对社会不满的载体（见图 1–3–5）。他们袒胸露臂，披发跣足，以表现不拘礼法的意识；他们沉迷于酒、乐、丹、玄，追求自我超脱。另一方面，王公贵族、门阀世族则玄冕素带，朱绂青纲，腰悬玉佩，饰金银之珠，夏穿绮襦纨绔，冬服黑貂白裘。士族男子化妆的亦不在少数。《颜氏家训 · 勉学篇》中说世家大族子弟“无不熏衣剃面，傅粉饰朱，驾长檐车，跟高齿屐”。（“高齿屐”就是木屐，这种木屐后来东传至日本成为和服的“下驮”，也就是日本式木屐。）当时扭曲的社会风气，将此推崇为士族风度的体现。这种隐居与奢华的双面生活方式及其服饰装扮在很多墓室壁画、陶俑与绘画中都有表现，如壁画《竹林七贤与荣启期》、绘画《列女传仁智图卷》《女史箴图卷》等 (见图 1–3–5—1–3–7)。

女子服饰在继承秦汉遗俗的基础上也以宽博为主，褒衣博带、大袖翩翩，衣衫以对襟为多，领、袖都施有缘边，并有帔肩，下身穿几何纹样或间色条纹长裙或缚裤，腰用帛带系扎。传统女装中的深衣在融入民族服饰语言后，呈现出多层次的变化。围裳中伸出的飘带使得服装变得修长婀娜，有飘浮欲仙之感，更显体态的轻盈。女子的各种饰物如步摇、钿、钗、簪、指环、假发等也非常流行。《抱朴子·讥惑篇》有载：“丧乱以来，事物屡变，冠履衣服，

图 1–3–5《竹林七贤与荣启期》局部，模印砖画，于南京南朝墓葬出土。

图 1–3–7《列女传仁智图卷》局部。

图 1–3–6《列女传仁智图卷》局部，南宋摹本。图中人物戴小冠，着交领大袖衫，系绅带，佩玉环绶。

袖袂裁制，日月改易，无复一定，乍长乍短，一广一狭，忽高忽卑，或粗或细，所饰无常，以同为快。其好事者，朝夕仿效，所谓京辇贵大眉，远方皆半额也。”反映出乱世之时服饰的流行趋势与速度。杂裾垂髾服、袴褶服、广袖朱衣大口裤、缚裤、裲裆、高环髻（单环、双环）、蔽髻等，这些丰富的服饰样式是民族大融合的最好例证。

1. 男子服饰

（1）广袖朱衣大口裤

自南北朝以来，由于北方各族入住中原，不免将北方民族的服饰带到了这里。最有代表性的是上身着广袖朱衣，下身着大口白裤，所谓“广袖朱衣大口裤”指的就是这种装束(见图 1-3-8—1-3-10)。

南族的冠服，本来为头戴通天冠或进贤冠，着绛纱袍、皂缘中衣，下身着裙。而自北族的袴褶服盛行后，南人也开始穿它，但由于在朝会或礼仪中，这样的装束有失仪表的严肃感，因此南人就将上身的褶衣加大了袖管，下身的裤管也加大了。这样的形式，类似传统的上衣下裳之制，比较符合汉族的衣冠制度。如有急事，人们可把裤管缚扎，这样又成了急装的形式。由于它既便于行事又适合于仪表体制，广袖朱衣大口裤成为了朝见之服。

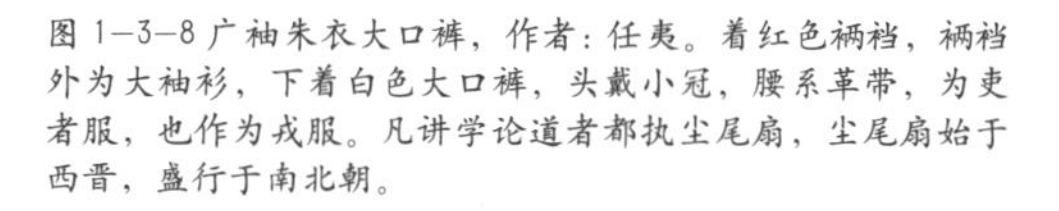

图 1-3-8 广袖朱衣大口裤，作者：任夷。着红色裲裆，裲裆外为大袖衫，下着白色大口裤，头戴小冠，腰系革带，为吏者服，也作为戎服。凡讲学论道者都执尘尾扇，尘尾扇始于西晋，盛行于南北朝。

图 1-3-9 元怿墓武士壁画，北魏，河南洛阳老城北。图中人物身着朱衣大口裤。

图 1-3-10 图中门吏“头戴小冠，身着裲裆衫、广袖朱衣大口裤”。

图 1-3-11 魏晋南北朝时期的帝王便服，作者：任夷。图中帝王头戴白纱帽，外着红色宽袖狐皮大衣（形如大袖衫），毛在外。手执如意或羽毛扇、鹿尾扇，也是南朝时所崇尚的习俗。

(2) 衫

衫为魏晋汉族男子的主要服饰。衫和袍在样式上有明显的区别，照汉代习俗，凡称为袍的，袖端应当收敛，并装有祛口，而衫则不需施祛，袖口宽敞。由于不受礼法约束，衫日趋宽博，成为风俗，并一直影响到南北朝服饰。上自王公名士，下及黎庶百姓，都以宽衫大袖、褒衣博带为尚。衫以对襟、交领为多，领、袖都施有缘边(见图1-3-11—1-3-15)。

图 1—3—12《洛神赋图》，曹植。图中所绘洛神形象，无论从发式或服装来看，都是东晋时期流行的装束。男子的服饰更具时代特色，都穿大袖翩翩的衫子。直到南朝时期，这种衫子仍为各阶层男子所爱好，成为一时的风尚。图中侍者多戴笼冠，亦是北朝时期的流行冠式之一。

图 1—3—13《历代帝王像》，唐，阎立本绘。戴黑色皮弁，穿大褵衫、白罗裙的南朝陈文帝像。

图 1—3—14《高逸图》局部，唐，孙位。《高逸图》是我国古代人物画中的杰出作品，它虽然出自唐代画家孙位之手，却具有浓郁的魏晋风韵。画中人物盘腿列坐于花毯之上，或戴小冠，或裹巾子，均穿着宽博衫子。每人身旁各立一侍者，也穿宽袖衣衫。人物的装束和生活器具等都是典型的魏晋南北朝形制。

图 1—3—15 戴漆纱笼冠、着大袖衫、白纱单衣是这时期男子的主要装束。着装不为世俗礼节所拘，具塞外风情、西域特色的服饰纹样非常流行，如葡萄纹、狮子纹、卷草纹、莲花纹，忍冬纹等。作者：任夷。

(3) 绔褶

绔褶是北方游牧民族的传统服装样式。北方民族大多从事畜牧业，习于骑马、涉水，所以他们的衣着大多以衣裤为主，上身着衣褶，下身着绔[3]，称为“绔褶服”，是这个时期最为普及的一种服饰。绔褶的特点不在于其褶而在于其绔，这种绔即《晋书·五行志》所说的“为绔者直幅，为口无杀”,“无杀”即绔口不缝之使窄，故又称大口绔。为行动方便起见，会在膝盖部位将绔管向上提后再用锦带缚结，又称缚绔。褶有广袖与小袖之分，绔亦有大口绔和小口绔之别（见图 1–3–16）。

图 1–3–16 绔褶服是由缚绔及褶衣两个部分组成的一套服饰。此图为戴漆纱笼冠即小冠、着绔褶的北朝侍从。作者：任夷。

(4) 首服

漆纱笼冠　汉代的巾帻在此时依然流行，但与汉代略有不同的是帻后加高，体积逐渐缩小至顶，时称“平上帻”或叫“小冠”，南北通行。在这种冠帻上加以笼巾，即成笼冠，笼冠是魏晋南北朝时期的主要冠饰，男女皆戴。

巾　巾或称帛巾，用以束首，始于东汉后期。东汉末，张角组织十万民众起义，史称“黄巾起义”，就是因为起义民众以黄巾束首为标志。《晋书》载：“汉末，王公名士，以幅巾为雅。”这种风气一直延续到魏晋，之后对唐宋时期男子的首服也有一定影响（见图 1–3–17—1–3–19）。

---

[3]《说文解字》解释为：“绔，胫衣也。”本义绑腿布，《释名·释衣服》说：“绔，跨也，两股各跨别也。”“衣”与“绔”联合起来表示“便于跨马骑背的腿衣”。

图 1–3–17 戴角巾的士人,《高逸图》局部，唐，孙位。

图 1–3–18 扎巾、穿窄袖袍、着靴、系革带的男子。北齐壁画，山西太原王家峰徐显秀墓出土。

图 1–3–19 扎巾、穿窄袖褶裤、着靴的男子。北齐壁画，山西太原王郭村娄睿墓出土。

2. 妇女服饰

魏晋早期的妇女服装继承汉代习俗，有衫、裤、襦、裙等形制，之后民族间的融合使服饰在传统的基础上融入了许多民族元素，发生了很大变化。其时，衫以对襟、交领为多，领、袖、下摆缀有不同缘边，款式多为上俭下丰，衣身部分紧身合体，袖口肥大。裙为多折裥裙，裙长曳地，下摆宽松，腰间用一块帛带系扎。北方民族除穿衫裙之外，还有裲裆、绔褶等服饰。裲裆虽多用于男子，但妇女也可穿着，只是初期多穿在里面，后来才逐渐将其穿在交领衫袄之外。

（1）杂裾垂髾服

魏晋南北朝时期，传统的深衣已不被男子采用，但在妇女中间却仍有人穿着。此时出现了由深衣演变而来的杂裾垂髾服，这种服装与汉代深衣相比，已有较大的变化，服装上多了纤髾装饰。所谓“纤”，是指一种固定在衣服下摆部位的饰物，通常以丝织物制成，其特点是上宽下尖，形如三角，并层层相叠。髾是指从围裳中伸出的飘带。飘带比较长，走起路来有很强的动感。到南北朝时，曳地的飘带去掉了，而将尖角加长，飘逸之感依然（见图1–3–20）。

图 1–3–20 图中女子着由深衣演变而来的杂裾垂髾服，腰系围裳，头梳垂霄高髻，为贵妇服装。作者：任夷。

(2) 对襟帔子、大袖衫、间色裙

着帔子、上穿大袖对襟衫、腰束大带、下穿间色条纹裙、梳双环髻是当时流行的女装样式。当时妇女的下裳，除间色裙外还有其他裙式。晋人《东宫旧事》记太子之妃服装，有绛纱复裙、丹碧纱纹双裙、丹纱杯文罗裙等。可见女裙的制作已很精致，质料颜色也各不相同（见图 1-3-21）。

图 1-3-21 梳朝天双环髻，着帔子、大袖对襟衫、条纹间色长裙，腰束大带，穿笏头履的南北朝女子。此款女服在当时带有普遍性。作者：任夷。

(3) 发式

魏晋南北朝时期妇女的发式与前代有所不同。魏晋上流社会的妇女中流行蔽髻。蔽髻是一种假髻，晋成公《蔽髻铭》曾作过专门叙述。蔽髻镶有金饰，有严格制度，非命妇不得使用。普通妇女除将本身头发挽成各种样式外，也有戴假髻的，不过这种假髻比较随便，髻上的装饰也没有蔽髻那样复杂，时称“缓鬓倾髻”。另有不少妇女模仿西域少数民族习俗，将发髻挽成单环或双环髻式，高耸发顶，亦有梳丫髻或螺髻者。南朝时，由于受佛教的影响，妇女多在发顶正中分成髻鬟，做成上竖的环式，谓之“飞天髻”，先在宫中流行，后在民间普及（见图 1-3-22—1-3-25）。

(4) 履

魏晋南北朝时期，女子多穿履。履有皮履、丝履、麻履、锦履等不同款式。凡娶妇之家必备丝履为聘礼，其形式有凤头履、聚云履、五朵履、重台

图 1—3—22

图 1—3—22《女史箴图》（摹本）局部，东晋，顾恺之。画面作一贵妇席地而坐，一侍女为其理发梳妆。侍女头梳高髻，上插步摇首饰，髻后垂有一髾。这种发式早在汉代就已经出现，魏晋以后再度流行，成为这时期的主要发型。

图 1—3—23《列女传 · 仁智图卷》（摹本）局部，东晋，顾恺之。梳垂髾高髻者。

图 1—3—24《列女传 · 仁智图卷》（摹本）局部，东晋，顾恺之。图中人物梳纤髾高髻，着大袖深衣，腰系大带、丝绦。

图 1—3—23

图 1—3—24

图 1—3—25《列女传仁智图卷》（摹本）局部，东晋，顾恺之。着杂裾垂髾服，梳高髻者。

图 1—3—25

履等。重台履是厚底鞋，男女都有穿着。此外还有加以绣纹的履，例如陆机有“足蹑刺绣之履”、沈约有“锦履并花纹”的描述。当时也有妇女穿着木屐（见图 1–3–26）。

图 1–3–26“富且昌宜侯王天延命长”汉字铭文锦履，东晋，新疆吐鲁番出土。

3. 军戎服饰

军戎服饰，一是盔、铠甲；二是袍袄；三是前面所说的绔褶。

(1) 裲裆铠

魏晋南北朝时期的铠甲主要有筒袖铠、裲裆铠和明光铠。“裲裆”有两种含意，一种是指服饰制度中的裲裆衫；一种是指武士穿的裲裆铠，两者的外形大体相同，区别主要在质料上。裲裆衫的材料，通常用布帛，中间纳有丝棉，取其保暖。而裲裆铠的材料则大多采用坚硬的金属或皮革。铠甲的甲片有长条形和鱼鳞形两种，在胸背部分常采用小型的鱼鳞甲片，以便于俯仰活动。为了防止金属甲片磨损肌肤，武士在穿着裲裆铠时，里面常衬有一件厚实的裲裆衫（见图 1–3–27—1–3–29）。

图 1–3–27 南北朝戴胄帻，着袍袄、缚绔，穿裲裆铠的武士。作者：任夷。

图 1-3-28 甘肃敦煌莫高窟壁画。图中有戴兜鍪，穿裲裆铠、着裤褶的武士。

图 1-3-29 甘肃敦煌莫高窟壁画。图中有戴兜鍪，穿裲裆铠、着裤褶的武士。

(2) 明光铠

明光铠的胸前和背后加有圆护，因为这种圆护大多以铜、铁等金属制成，并且打磨得非常光亮，反射太阳的光辉而发出耀眼的明光，故而得名。这种铠甲的样式很多，而且繁简不一，有的只是在裲裆的基础上前后各加两块圆护；有的则装有护肩、护膝；复杂的还有数重护肩。身甲大多长至臀部，腰间用皮带系束（见图 1-3-30—1-3-33）。

图 1-3-30 明光铠。

图 1-3-31 作战中戴兜鍪、穿裲裆铠的武士。（图片来源于《中国皇朝的军队》）

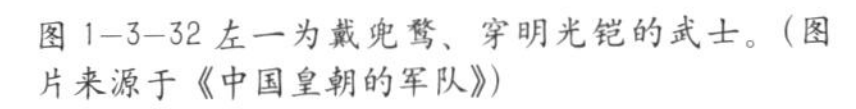

图 1—3—32 左一为戴兜鹜、穿明光铠的武士。（图片来源于《中国皇朝的军队》）

图 1—3—33 魏晋南北朝戎服。（图片来源于《中国皇朝的军队》）

4. 服饰纹样

魏晋南北朝的战乱造成了民族大迁徙，促进了各族人民的大融合，加上佛教盛行带来的影响，服饰纹样改变了汉代枝蔓缠绕、行云流水的样态，以及以云、龙纹或动物为主纹样而形成的有规则的构图。大量具有塞外风情及西域特色的装饰纹样传入中原，渗入到社会生活的各个方面，如莲花、忍冬、

图 1—3—34 动物几何纹。

卷草、葡萄等植物纹样，以及狮子、象等西域、佛教常用的动物纹样等，这些纹样在出土文物以及同时期的石雕、砖刻、壁画中都有大量遗存。其纹样结构大多比较对称，如二方连续、四方连续以及西域的套环结构。这个时期常见的忍冬团窠龟背纹、兽王锦纹、缠枝纹、对鸟对兽纹等织绣图案，都具有强烈的异域装饰风格（见图 1-3-34—1-3-37）。

图 1—3—35 忍冬团窠龟背纹。

图 1—3—36 缠枝花毛织物。

图 1—3—37 几何龙虎朱雀纹。

5. 魏晋南北朝最具代表性的服饰结构与工艺图

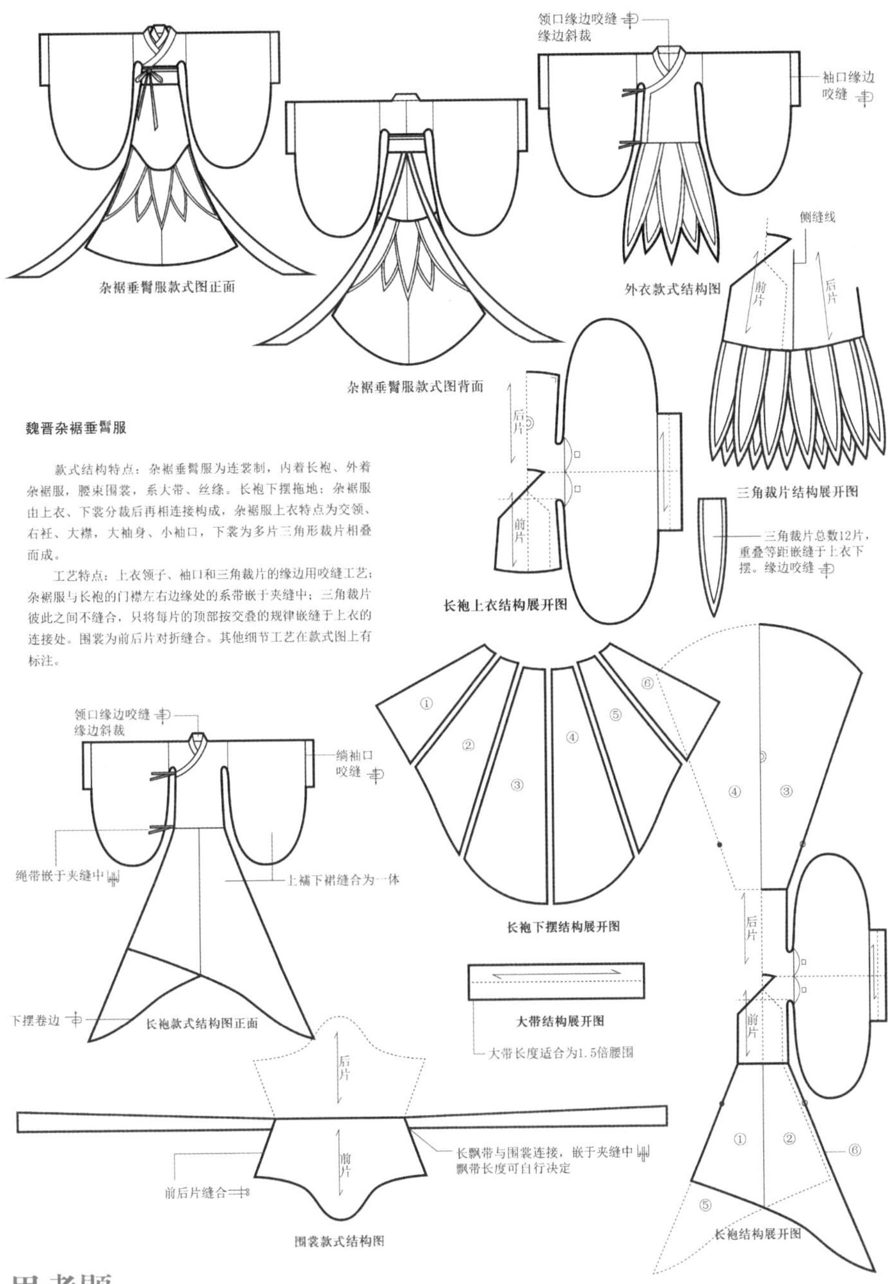

魏晋杂裾垂髾服

款式结构特点：杂裾垂髾服为连裳制，内着长袍、外着杂裾服，腰束围裳，系大带、丝绦。长袍下摆拖地；杂裾服由上衣、下裳分裁后再相连接构成，杂裾服上衣特点为交领、右衽、大襟，大袖身、小袖口，下裳为多片三角形裁片相叠而成。

工艺特点：上衣领子、袖口和三角裁片的缘边用咬缝工艺；杂裾服与长袍的门襟左右边缘处的系带嵌于夹缝中；三角裁片彼此之间不缝合，只将每片的顶部按交叠的规律嵌缝于上衣的连接处。围裳为前后片对折缝合。其他细节工艺在款式图上有标注。

思考题：

1. 深衣发展至魏晋时期有哪些变化？
2. “竹林七贤”的着装有什么特点？
3. 民族交融对服饰有哪些影响，具体表现在哪些方面？
4. 军戎服饰的功能表现在哪些方面？
5. 魏晋时期衣饰的纹样风格有哪些变化？

绘制：邹观赐
指导老师：任夷

第四章

隋唐五代服饰

公元581年杨坚建立隋朝（公元581—公元618年），定都长安。公元589年，隋灭陈统一南北，结束了数百年来的社会动乱。但隋炀帝横征暴敛，挥霍无度，致使政权仅仅维持了30年就被李渊、李世民父子所推翻，于公元618年建立起新的中央集权制的唐朝（公元618—公元907年）。自此300年后，朱温于公元907年灭唐，建立梁，使古中国又陷入长达半个世纪的混乱纷争，以致前后出现十余个封建小国，史称五代十国。

南北朝时虽然政治、军事彼此对峙，但意识形态领域中的相互影响却持续不断，反映在服饰上也是如此。隋统一全国后，一方面是重新确立汉族的服饰制度；另一方面由于长期相互仿效的原因，汉族的服饰不免也融入了北族的形制。服装形成两类不同的样式：一类继承了北魏改革后的汉式服饰样式，包括冕服、朝服等礼服和较朝服更加简化的公服（弁冠、朱衣、裳素、革带、乌皮履等是为公服。公服亦名“从省服”，较朝服简易。朝服亦名“具服”，是七品以上官员陪祭、朝、飨、拜表时所服，其余公事均着公服。唐代以冠服为朝服，以次于冠服的弁服为公服）；另一类则继承了北齐、北周改革后的圆领缺髁袍[1]，用作平日的常服样式。至此，古代服制从汉魏时单一的大袖宽袍样式演变成隋唐时融合了少数民族服饰语言的样式，两类服饰并行不悖，互相补充，形成了具有时代特征的服饰风格，这也是传统服饰演变过程

---

[1] 缺髁衫或袍即衣侧开衩的长衫，又名衩衣。缺髁衫出现于南北朝后期，其衩口起初开得较低，后来愈变愈高，直抵髁部。缺髁之名称，或缘此而得。由于着缺髁衫便于骑乘，所以推广得很快。

中的一次重大变化。由于隋朝的统治时间不长，所以本章将以唐朝服饰为主要阐述内容。

唐王朝在大一统的局面下，南北各民族之间的文化交流日益加强密切，中外经济文化的交流也空前频繁，国力日渐强盛。此时，唐朝社会体现出一种无所畏惧、无所顾虑的兼容并蓄的大气——政治上实行“开明专制”；意识形态上儒、释、道三者并行；文化上则以博大的胸襟广为吸收外域文化，展现出雄豪壮美的大国风度。英国学者威尔斯在《世界简史》中比较欧洲中世纪与中国盛唐时代的差异时曾这样写道：“在整个第七、八、九世纪中，中国是世界上最安定最文明的国家……在这些世纪里，当欧洲和西亚敝弱的居民不是住在陋室或有城垣的小城市里，就是住在凶残的盗贼堡垒中的时候，许许多多的中国人却在治理有序的、优美的、和谐的环境中生活。当西方人的心灵为神学所痴迷而处于蒙昧黑暗之中时，中国人的思想却是开放的，兼收并蓄而好探求的。”在开放的唐朝“就连封疆大吏的重要职位，也有异族人担任，唐人不拒绝所有的‘遣唐’与‘职贡’，四夷只要不以武力相向，都可以算成是被怀柔的远人”[2]。据统计，唐朝宰相369人，胡人出生的有36人，占十分之一。长安城成为各族人民聚居、各国侨民往来的一座熙熙攘攘的国际城市，而且通过海上、西南和西北的各种通道，与遥远的异国文化发生着密切的联系。据史料记载，当时首都长安城中就居住有30多个国家的使臣、商人和留学生，仅在国学中学习的就有高丽、百济、新罗、日本以及吐蕃、高昌等国家或民族的留学生8000余人，他们分别来自小亚细亚、东南亚、欧洲和北非、中非等地区。他们带来了故国的土特产品、文艺形式和生活习惯，同时也带来了各具特色的民族服饰。

各民族文明的冲突与交流就这样进行着，中原人生活中原有的温文尔雅、礼仪中节等儒家确立的人伦标准，被异族带来的豪放不羁、自然随意所激荡。这些异族的文明深深地吸引着中原人，各种来自异域的服装、玩物、游戏、歌舞等显示了诱惑人心的一面。尽管这些文明有着与汉族文明相当不同的风

[2] 葛兆光：《中国思想史》第二卷，复旦大学出版社，2001年，第33页。

貌与伦理取向，然而中原人开放、自信的心态，却让这些另类文明得以盛行。唐朝规模空前的强盛与宽容营造了思想文化方面的辉煌成就，同时也成就了前所未有的、丰富多彩的华美服饰形态，形成了独具个性色彩与浪漫服饰风格的另类时装。

唐代服饰形态大致有如下特点：初唐女装比较褊狭，常着胡服、戴胡帽，头饰钗、梳等；盛唐时衣裙渐渐趋向肥大，出现了颇具特点的蝉鬓和倭堕髻；安史之乱后，进入中唐时期，短阔的晕眉流行，而胡服渐渐不多见；晚唐服饰愈加褒博，首饰也愈加繁缛。男装则融合了胡服褊衣若干成分而形成了由幞头、缺胯袍、蹀躞带、长靿靴等所组成的新样式。

1. 品官服饰

隋朝建立后，本欲根据古制《周礼》将服饰制度作一番改革，但由于几百年间兵事不息，社会生产力、财力、物力均已无力支撑其改革，又加上各族人民之间长期交融，要大规模地变易服制已不可能，只能做简单调整。直到隋炀帝即位，才有了完整的服饰制度。《旧唐书·舆服志》载：“隋大业六年，诏从驾涉远者，文武官等皆戎衣，贵贱异等，杂用五色。五品以上通着紫袍，六品以下兼用绯、绿。胥吏以青，庶人以白，屠商以皂，士卒以黄。”从这时起，历唐、宋、元、明各代，原则上依据这一制度来确定本朝代服饰的用色。以官品定服色的措施，打破了隋唐之前官员服色一直用黑色的传统。《周礼·司服》郑注：先秦时，周天子在冕服中着“玄衣纁裳”。《荀子·富国篇》载，战国时“诸侯亦玄褂衣”，秦自以为得水德，衣服尚黑；汉因秦制，亦尚“袀玄之色”。《续汉志》载：“郊祀之服皆以袀玄。”《汉书·五行志》颜注：“袀服，黑衣。”《汉书·萧望之传》载：“敞备皂衣二十余年。”颜注引如淳曰：“虽有午时服，至朝皆着皂衣。”《论衡·衡材篇》载：“吏衣黑衣。”《独断》载：“公卿、尚书衣皂而朝者曰朝臣。”直至隋朝官品服色的制定，官阶高者，衣紫衣绯；官阶低者，衣绿衣青，解决了之前因为都着黑衣而无法分辨官阶大小的问题。同时，这也是古代服饰发展中发挥服色功能的一大创新。

唐在隋建立的冠服制基础上，承袭、演变、发展，加之国力强盛，政治、经济较为稳定，思想开放，逐渐形成了独具特色的服饰面貌，下面作简略介绍。

(1) 服色

服装色彩是唐朝区别官吏身份与等级的主要标志之一。用服色来区分官职，这与前几朝只对祭祀服饰规定等级服色有所不同。其颜色规定如下：凡三品以上官员一律用紫色；四品、五品为绯色；六品、七品为绿色；八品、九品为青色。其后虽稍有变更，但唐代三品以上官员服色一直为紫色。其所谓紫，是指青紫色。服装色彩在唐代成为社会身份的鲜明的符号标识。

《旧唐书·舆服志》记述："武德初，因隋旧制，天子燕服，亦名常服，唯以黄袍及衫，后渐用赤黄，遂禁士庶不得以赤黄为衣服杂饰。"此后，"黄袍加身"成为帝王登基的象征，以致黄色成为非皇帝莫属的御用色，并一直延续至清王朝灭亡，长达千余年。

(2) 饰品

革带　一条完整的革带由鞓、銙（銙是镶在革带上的饰件）、铊尾和带扣四部分组成。于阗玉銙最为高级。十三銙金玉带只有皇帝及三品以上官员可以佩饰（见图1-4-1）。

鱼符　在隋开皇十五年时，京官五品以上已有佩鱼符之制，唐朝沿袭了这一制度且加以强化。唐朝张鷟（约660—740年，唐代小说家）在《耳目记》中说，"以鲤为符瑞，为铜鱼符以佩之"，意指腰间挂有鱼符形的袋子，是一种身份的象征，有吉祥之意。随身鱼符本为出入宫廷时，防止发生诈伪等事故而佩。其后改为龟符，继而又改为鱼符。三品以上佩金鱼、金龟，四品用银鱼、银龟，五品用铜鱼、铜龟。李商隐《为有》诗载："无端嫁得金龟婿，辜负香衾事早朝。"韩愈《示儿》诗说："开门问谁来，无非卿大夫。不知官高卑，玉带悬金鱼。"《新唐书·车服志》载："高宗给五品以上随身鱼、银袋，以防诏命之诈，出内必合之。三品以上金饰袋。"盛鱼符的袋子名叫鱼袋，以金装饰的叫金鱼袋。《新唐书·车服志》又云，开元时"百官赏绯、紫，必兼鱼袋，谓之章服。当时服朱紫佩鱼者众矣"。佩鱼作为唐朝的一种新的身份"符信"

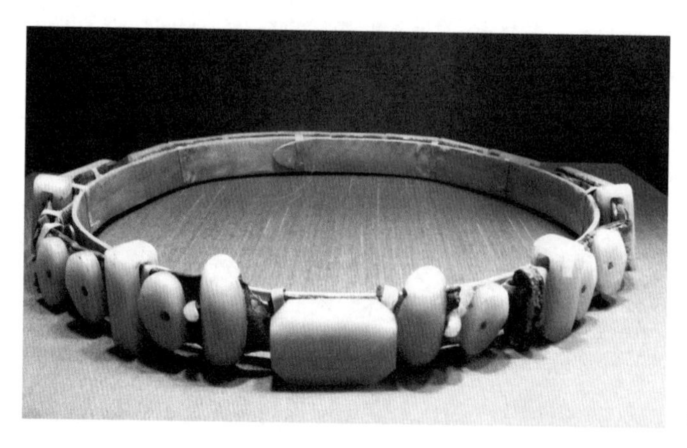

图 1-4-1 玉带，元，曹氏墓出土。

（凭证），也是显示封建等级制度的载体。同时也与唐代皇室为李姓有关，宋王应麟《困学纪闻》卷十四载："佩鱼始于唐永徽二年，以李为鲤也。"从汉代的佩绶演变为佩鱼，尽管有因借的成分，但它符合中国人的传统思维模式。武则天建立大周后，改佩鱼为佩龟，唐中宗时又废大周，恢复唐王朝。这种佩鱼制也影响到后来的宋朝，所不同的是唐人用袋子盛鱼，宋人以鱼为袋饰，一脉相承，本质未变。

（3）服饰纹样

品官袍服纹样初多为暗花纹，至武则天（公元 624—705 年）时，赐文官绣禽纹，武官绣兽纹，以示区别。《旧唐书·舆服志》载："延载元年五月，则天内出绯、紫单罗铭襟、背衫，赐文武三品以上。左右监门卫将军等饰以对狮子，左右卫饰以对麒麟，左右武威卫饰以对虎，左右豹韬卫饰以对豹，左右鹰杨卫饰以对鹰，左右玉铃卫饰以对鹘，左右金吾卫饰以对豸，诸王饰以盘龙及鹿，宰相饰以凤池，尚书饰以对雁。"自此开始的文武官员服装上不同纹样符号的运用，为明清补子符号的创建奠定了基础。

唐朝织物上成对的禽兽纹，往往在其四周环绕着一圈联珠纹图案（见图 1-4-2—1-4-6）。这种图案起源于波斯萨珊，是唐代各民族文化交往的见证。萨珊式的联珠圈文锦在我国最早被发现于武德二年（公元 619 年）的高昌墓葬中，考古专家认为，萨珊式联珠圈纹和我国传统纹样图案在构图上，甚至审美情趣上存在若干共同点，因此萨珊式联珠圈纹得以在我国风行一时。《历

图 1-4-2 团窠对鹤纹。

图 1-4-3 宝相花纹锦。

图 1-4-4 团窠联珠对羊纹锦残片。

图 1-4-5 联珠龙纹绫。

图 1-4-6 联珠猪头纹锦残片。

代名画记》所记窦师纶创制的“陵阳公样”，便以成对禽兽如对雉、斗羊、翔凤、游麟等图案著称，也就是说，远在唐初这种成对禽兽的纹样创制已使织物中的珠圈纹走向了中国化。唐朝出现的完全中国化的团花对兽、联珠对龙、团花宝相等图案就是这一发展趋势的必然结果。

唐贞观四年（公元636年）和上元元年（公元674年）曾两次下诏颁布服色与配饰的规定，第二次较前一次更为详细：“文武三品以上以紫为服，金、玉带銙十二；绯为四品之服，金带銙十一；浅绯为五品之服，金带銙十；深绿为六品之服，浅绿为七品之服，皆银带銙九；深青为八品之服，浅青为九品之服，皆鍮（黄铜）石带銙八；黄为流外官及庶人之服，铜铁带銙七。”[3] 自唐代对常服的色、带制等方面做出了上述规定后，服饰制度渐趋严整，常服也逐渐取代了朝服、公服的地位。《辽史·舆服志》说：“五代颇以常服代朝服。”有资料载，其实没等到五代，唐文宗于开成元年正旦已御常服受朝贺。到了宋

图 1—4—7 戴冕冠、穿冕服的帝王，以及戴笼冠、穿交领大袖衫、着裙的侍从。

图 1—4—8 宋朝礼服，作者：任夷。

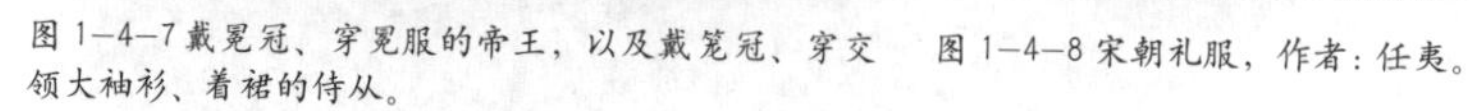

[3] 孙机：《中国古代舆服论丛》，文物出版社，1993年，第338页，

朝，祭服、朝服等服装多已备而不用，成为徒有形式而不起实际作用的一种服饰。而礼服则承袭隋朝旧制——头戴介帻或笼冠，身穿对襟大袖衫、白纱中单，腰系大带与革带，下佩围裳，着舄，玉佩组绶一应俱全（见图 1-4-7—1-4-11）。

图 1-4-9 着常服的唐太宗像。

图 1-4-10 皇帝常服。戴幞头、着龙袍、系金玉革带、穿靴的皇帝。作者：任夷。

图 1-4-11 戴梁冠、着裲裆、穿朱衣大口裤的三彩文官俑。

2. 男子服饰

（1）幞头

幞头是由起初的一块包头布逐渐演变成有固定的帽身骨架和展脚的首服样式。在幞头产生之前，汉代通行戴冠、帻。至魏晋南北朝，与鲜卑族服饰融合而成唐朝的幞头。幞头与圆领缺骻袍、蹀躞带、长靿靴配套，成为唐代男性的主要装束。幞头的裹法在宋朝沈括的《梦溪笔谈》卷一中有详细描述："幞头一谓之四角，乃四带也，二带系脑后垂之，二带反系头上，令曲折附顶。"（见图 1-4-12）幞头的展脚有长、短、软、硬的变化。初始时因所用材料皆为柔软纱罗临时缠裹，幞头两脚似带子自然下垂，长度至颈或过肩者称为软脚幞头；后渐渐加入其他辅助材料，使之可任意弯曲或上翘，称之为硬脚幞头，之后还变化出了直脚、局脚、交脚、朝天脚、顺风脚等大同小异的样式。

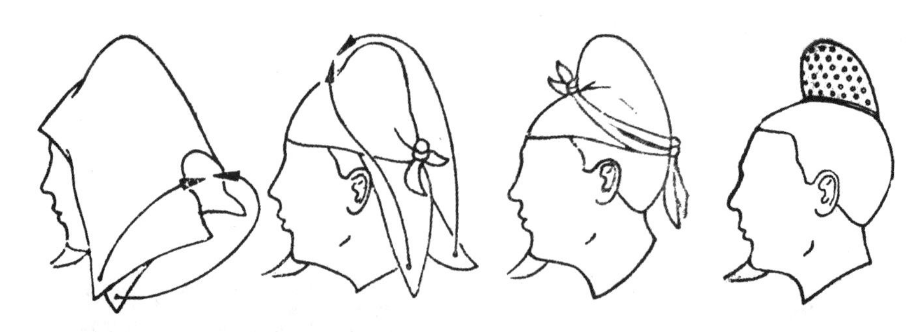

图 1–4–12 幞头扎法：①在髻上加巾子；②系二后脚于脑后；③反系二前脚于髻前；④完成。（图片来源于《中国古舆服论》）

（2）圆领袍衫

身着圆领袍衫、下穿乌皮六合靴、头裹幞头、腰系革带是唐朝男子的典型服饰，其中士庶、官宦男子以软角幞头、小袖圆领袍衫为常服，明显融合了北方民族的服饰特点。圆领袍衫的特点为圆领、小袖、右衽。文官衣略长而至足踝或及地，武官衣略短至膝盖下，袖有宽窄之分，服色视身份不同而有严格规定（见图 1–4–13—1–4–16）。

图 1–4–13 唐朝六、七品官服，作者：任夷。

（3）襕衫

襕衫是士人所穿的衣服，也是男子的常服。其特点是在袍衫下摆处施一道横襕，以示对传统上衣下裳形制的传承（见图 1–4–17）。

图 1—4—14 戴幞头的李白像。

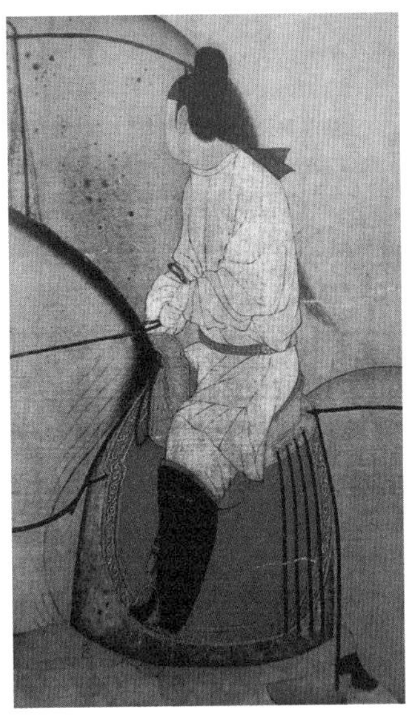

图 1—4—15 裹幞头，着圆领袍衫、裤，穿靴的侍从。《虢国夫人游春图》局部，唐，张宣。

图 1—4—16 裹幞头、穿圆领袍衫、着靴乐人。《乐舞》，壁画，陕西西安东郊唐墓。

图 1—4—17 着襕衫、裹幞头、穿靴的男子。李寿墓甬道前段东壁壁画线摹图。(图片来源于《文物》,1974 第 9 期)

3. 妇女服饰

唐朝女性服饰一反传统装束，浓艳、大胆、奢华、标新立异，令人目不暇接。唐女性在发型上有各式各样的髻：回鹘髻、高髻、大髻、半翻髻、抛家髻、螺髻、双垂髻等（见图 1-4-18—1-4-27）；头饰有簪、钗、步摇、梳和蓖等；以额黄、黛眉、胭脂、花钿、妆靥、口脂来作妆扮；服装除了短襦、半臂、长裙、帔帛外，女子着男装、袒胸露肤的大袖纱罗衫也颇为盛行。方干《赠美人》诗："粉胸半掩疑暗雪"；欧阳询《南乡子》诗"二八花钿，胸前如雪脸如花"所描绘的或许就是唐朝的袒装。《簪花仕女图》《纨扇仕女图》《虢国夫人春游图》等绘画作品以及陕西乾县懿德太子墓墓门石刻也有这种装束的描绘，其开放程度为两千余年的封建社会所罕见。"红楼富家女，金缕刺罗襦""绮罗纤缕见肌肤"之类的句子，恰到好处地描绘出当时女性的着装盛况及其婀娜之美。

京师长安是当时东、西方文化的交汇点，汉文化在吸收外来文化的同时，亦将自己的文化辐射到世界许多国家和地区。今天东南亚尤其是东亚诸国的礼服（民族服装），仍遗留有我国汉唐时期服饰的形制特征。

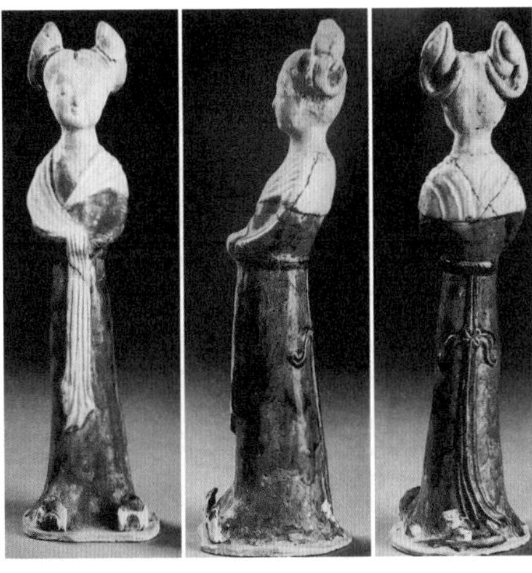

图 1—4—18 梳丫髻的三彩女佣。

图 1—4—19 梳单刀髻的三彩女佣。

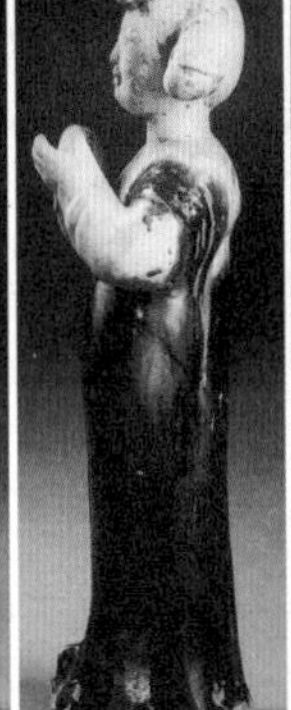

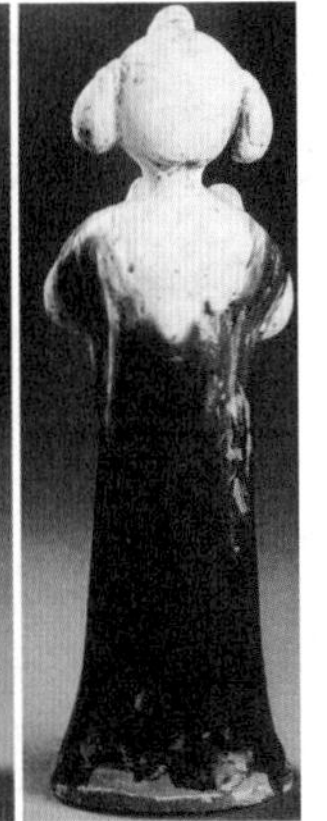

图 1—4—20 梳倭堕髻、垂挂髻的三彩女佣。

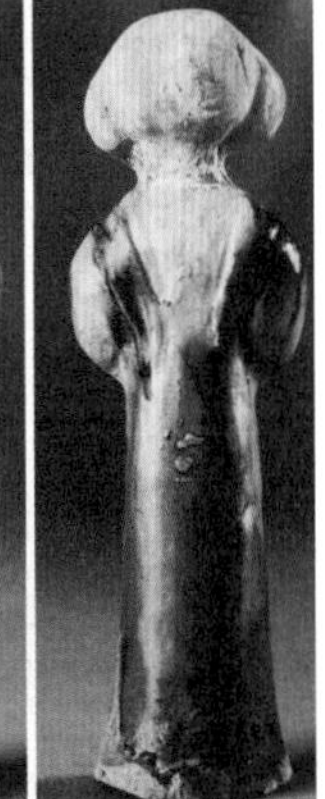

图 1—4—21 梳垂髻的三彩女佣。

图 1—4—22 梳三彩螺髻的女侍俑。

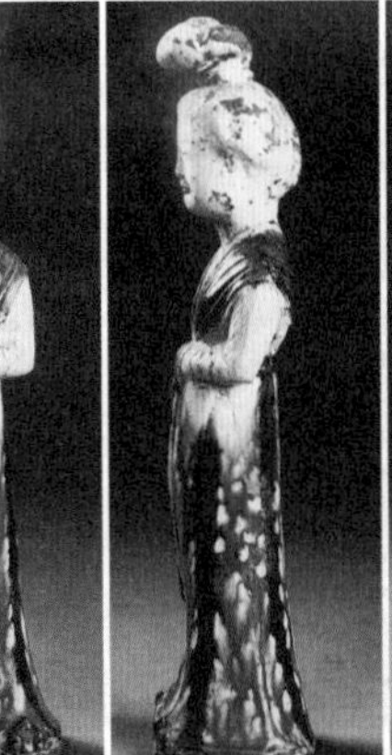

图 1—4—23 梳高髻的三彩女佣。

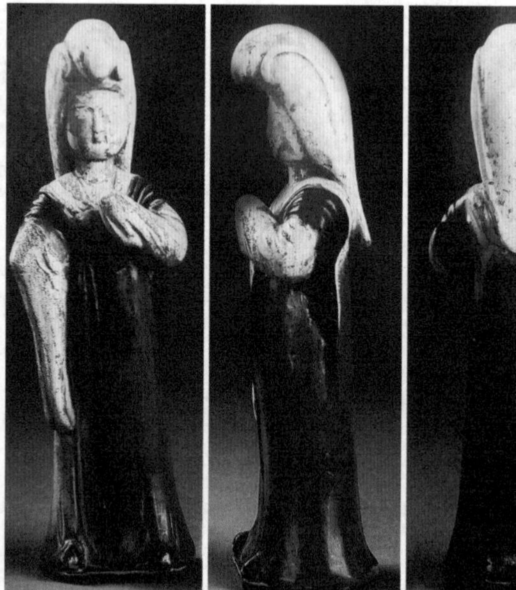

图 1-4-24 梳单刀髻的三彩女俑。 图 1-4-25 梳鹦鹉髻的三彩女俑。

图 1-4-26 梳双髻的侍女。

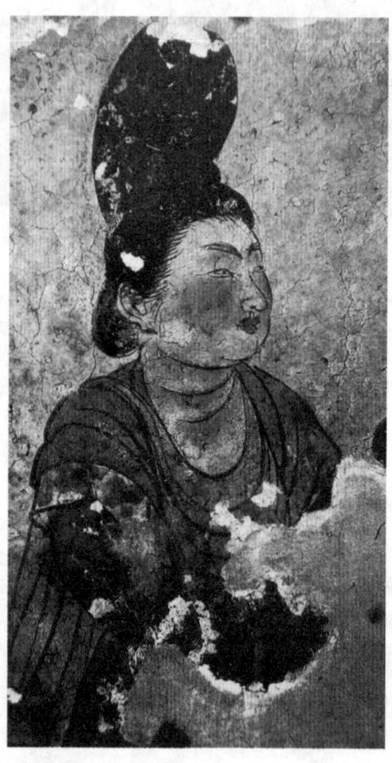

图 1-4-27 梳高髻的仕女。

(1) 首服

据史料记载，唐朝妇女首服，初行幕篱，复行帷帽，再行胡帽。从广义上来看，唐代的幕篱也是胡服的一种，它的特点是全身障蔽，可遮蔽风沙。唐高宗时，妇女已用帷帽代替幕篱，帷帽与幕篱的不同之处是前者所垂的网子短，只到颈部，并不像后者那样遮住全身。帷帽本体是席帽，在席帽的帽檐上装上一圈短网是帷帽的特点。因为唐朝社会的开放、自信，令妇女装饰变得随意而不受礼法约束（见图 1-4-28—1-4-30）。胡帽一般多用较厚锦缎制成，帽子顶部略成尖形。

图 1-4-28 穿半臂、着间色条纹裙、戴帷帽的女子。唐彩绘泥俑，新疆吐鲁番阿斯塔纳墓出土。

图 1-4-29 唐代骑马戴帷帽的三彩女俑，1972 年陕西礼泉张士贵墓出土。

图 1-4-30 穿裲衫、戴幕篱、着靴的男人。《树下人物图》，唐。

帽身有时会镶嵌各种珠宝，有时织以花纹，式样不一。

（2）妆饰

唐朝贵妇不仅服装华丽奢侈，面部化妆也很特殊。除了施用一般的粉、泽、口脂等外，其为前代与后代所不常见的还有以下几种。一是描眉，描眉分晕眉与翠眉。晕眉是将眉毛边缘处的颜色均匀地晕散。翠眉即绿眉，唐诗中就经常提到妇女的翠眉，如万楚诗的“眉黛夺将萱草色”，卢纶诗的“深遏朱弦低翠眉”等句子，至晚唐翠眉方才绝迹[4]。唐代很重视眉的化妆，唐代张泌《妆楼记》载：“明皇幸蜀，令画工作十眉图……”眉的样式主要有细眉与阔眉两种，前者如白居易《上阳白发人》中的“青黛点眉眉细长”、卢照邻《长安古意》中的“纤纤初月上鸦黄”、温庭筠《南歌子》中的“连娟细扫眉”，后者如沈佺期的“拂黛随时广”等诗句所描写的妆扮。二是涂额黄，即在额头上涂黄粉。三是贴花钿，即在眉心贴装饰物。四是描靥面，也就是在双颊点酒窝。五是抹斜红，即在眼角外端眼眶处描月牙形（见图 1-4-31）。

唐朝妇女的妆饰，前期受西北民族，如高昌、龟兹回鹘文化的影响较大，间接受西域波斯文化的影响，眉间有黄星靥子，面颊间加月牙儿装点。后期主要受吐蕃影响，在头部发式和面部化妆方面有所变化，其特征为蛮鬟椎髻、乌膏注唇、脸涂黄粉、眉作八字式，即唐人所说的“囚妆”“啼妆”，白居易称之为“时世妆”。时世妆是一种特别的化妆形式：头上的发髻梳成带垂鬓的松散的圆结，不插任何发饰；眉毛画成八字形；脸上不涂脂粉，两腮则抹赭色的颜料，而且没有由浓到淡的晕化；唇涂乌膏。妆扮完毕后，

图 1-4-31 画柳叶眉、描斜红的女子。唐绢画，新疆吐鲁番阿斯塔纳墓出土。

[4] 孙机：《中国古舆服饰论丛》，文物出版社，1993 年，第 189 页。

人显得懒懒散散，面容呈悲戚啼哭状，因而称之为“啼眉妆”或“啼妆”。白居易曾这样描写：“时世妆，时世妆，出至城中传四方。时世流行无远近，腮不饰朱面无粉。乌膏注唇唇似泥，双眉画作八字低。妍蚩黑白失本态，妆成尽似含悲啼。圆鬟无鬓堆髻样，斜红不晕赭面状。”据专家们考证，唐代“啼妆”并非“出自城中”，而是从吐蕃传入，近似藏族妇女的妆饰，是通过文成公主与松赞干布、金城公主与犀德祖赞联姻后传入长安的。诗人元稹叹道：“女为胡妇学胡妆……五十年来竞纷泊。”这是开元、天宝以来胡妆盛行的生动写照（见图 1-4-32—1-4-34）。

图 1-4-32 作八字宽眉、贴桃花钿的女子。唐绢画，新疆阿斯塔纳墓出。

图 1-4-33 作八字宽眉、描面靥的女子。唐彩绘陶俑，陕西唐墓出土。

图 1-4-34 描斜红、贴花佃、描面靥、点口脂的女子。唐彩绘泥塑。

(3) 发髻

唐朝妇女发髻形态丰富，唐段成式《髻鬟品》载：“高祖宫中有半翻髻、反绾髻、乐游髻。明皇帝宫中有双环望仙髻、回鹘髻。贵妃作愁来髻。贞元中有顺髻，又有闹扫妆髻。长安城中有盘桓髻、惊鹄髻，又抛家髻及倭堕髻。”这里列举了不少发髻名称，至中晚唐，倭堕髻偏于一侧，形似堕马，故又称为堕马髻。张萱《虢国夫人游春图》中就有两人梳这种髻。当然，发髻的形式远不止这些（见图 1-4-35—1-4-41）。由于发髻形态多样，约发用具的种类也非常丰富。约发用具中单股的称为簪，双股的称为钗。簪头常饰有金钿

图 1–4–35 梳亚髻、画八字宽眉、点口脂、帖花钿的侍女。唐绢画，新疆吐鲁番阿斯塔纳墓出土。

图 1–4–36 梳堕马髻、描斜红、贴花佃、描面靥、点口脂的女子。唐木胎彩绘泥塑，新疆吐鲁番阿斯塔纳墓出土。

图 1–4–37 梳堕马髻、画柳叶眉、点口脂的女子。唐《宫乐图》，中国台北故宫博物院藏。

图 1–4–38 戴凤钗步摇、篦子、梳子、描飞鸟形妆靥，贴花钿，画柳叶眉的女子。唐绢画，甘肃敦煌出土。

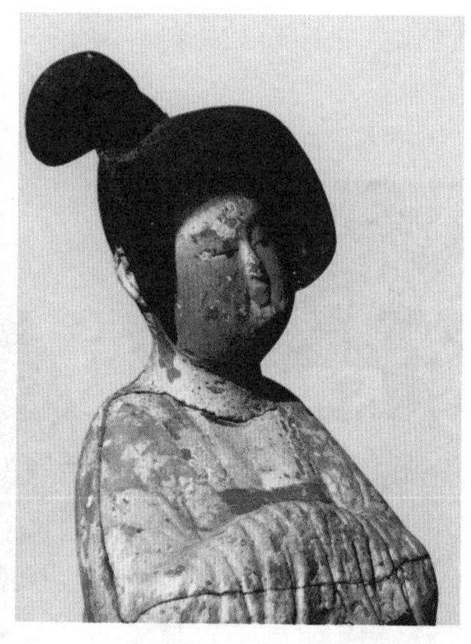

图 1–4–39 作酒晕妆、梳堕马髻的女子。唐彩绘陶俑，陕西长安出土。

图 1–4–40 梳丫髻的侍女。《捣练图》局部，唐，张萱。

图 1–4–41 梳高髻、蝉鬓，着披帛襦裙的女子。《捣练图》局部，唐，张萱。

或珠花，钗头常悬有垂饰。梳子也是约发与装饰的用具，起初只是在髻前单插一梳，后来也有在两鬓上部或髻后增插几把梳的，晚唐则以两把梳为一组，上下相对而插，亦有在髻前及其两侧插三组梳的（见图 1–4–42—1–4–47）。

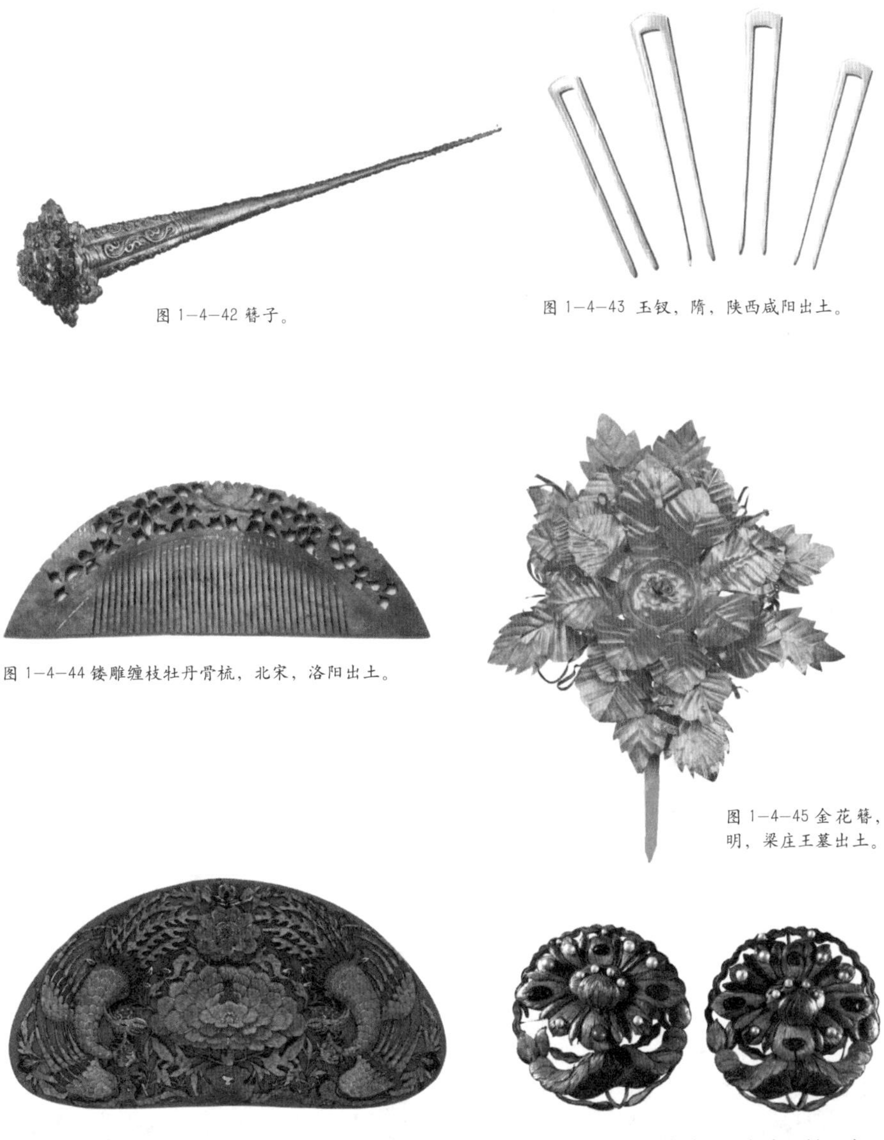

图 1–4–42 簪子。

图 1–4–43 玉钗，隋，陕西咸阳出土。

图 1–4–44 镂雕缠枝牡丹骨梳，北宋，洛阳出土。

图 1–4–45 金花簪，明，梁庄王墓出土。

图 1–4–46 点翠凤吹牡丹纹钿部件（钿子的一部分），清，故宫收藏。

图 1–4–47 银镀金荷叶纹簪（一对），清，故宫收藏。

图 1-4-48 襦裙，作者：任夷。着小袖短襦、瘦长裙、披帛、束带在胸以上的隋朝女子。隋朝的发髻比较简单，变化也少，一般作平顶式，将发分作二至三层，层层上堆，如帽子之状。

(4) 襦裙

襦裙即短衣与长裙相搭配的一种服饰样式，形成于汉朝。

在隋朝及初唐时期，女装衣裙窄小，这种服饰大体上沿用至开元、天宝时期，《安禄山事迹》卷下记载："天宝初年妇女则簪步摇，衣服之制，襟袖狭小。"白居易《新乐府·上阳人》载："小头鞋履窄衣裳……，天宝末年时世妆。"这时妇女的襦裙均由小袖襦、瘦长裙构成，裙腰高系，一般都在腰部以上，有的甚至系在腋下，并以丝带系扎，这样的装束给人一种俏丽修长的感觉。与此同时，一种较肥大的襦裙样式也开始兴起，至中唐以后，襦裙愈来愈肥，元稹《寄乐天书》载："近世妇人……衣服修广之度及匹配色泽，尤剧怪艳。"白居易《和梦游春诗一百韵》也载："风流薄梳洗，时世宽妆束。"晚唐襦裙越加褒博，首饰也随之变得更加繁缛（见图 1-4-48—1-4-62）。

图 1-4-49 贞观十四年杨温墓墓室壁画，画中侍女梳包髻或惊鹄髻，着窄袖小襦，肩搭披帛，长裙系至胸乳之上。

由隋至唐，裙子的纹样、色彩、宽窄及大小变化也很大。隋至初唐条纹裙很流行，在史料中有很多记载（见图1-4-52—1-4-58）。自盛唐以后，条纹裙逐渐减少，转向崇尚浓艳色彩的裙子。

由于我国古代的布帛幅面较窄，一条裙子需要好几幅布帛缝接在一起，《释名·释衣服》说：“裙，群也，连接裙幅也。”唐朝裙子一般用六幅布帛制成，在李群玉的诗中就有“裙拖六幅潇湘水”的描绘。

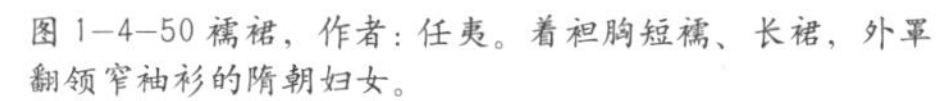

图1-4-50 襦裙，作者：任夷。着袒胸短襦、长裙，外罩翻领窄袖衫的隋朝妇女。

图1-4-51《步辇图》（摹本），阎立本描绘了唐太宗接见吐蕃使者禄东赞的情景。此画面中步辇上为唐太宗，身边为着间色条纹裙、小袖襦裙、披帛的侍女。

图1-4-52 着条纹裙仕女，壁画，陕西礼泉唐新城长公主李字墓。

图 1—4—53 梳了髻或同心髻，穿半臂、披帛、着间色条纹裙的女子。唐，泥头木身俑，新疆吐鲁番阿斯塔纳墓出土。

图 1—4—54 着条纹裙仕女。壁画，陕西唐墓出土。

图 1—4—55 着间色条纹裙侍女。

图 1—4—56 着条纹裙的侍女嬉戏图。

图 1—4—57 唐贵妇礼服，梳峨髻，戴花钿、花钗，着锦襦、长裙、帔帛，着花头履。

图 1—4—58 梳双环髻，着坦领半臂、小袖襦，披帛、间色长裙的乐伎。

图 1—4—59 着襦裙、披帛的仕女。《内人双陆图》局部，唐，周昉。

图 1—4—60 着红裙披帛仕女。《挥扇仕女图》局部，唐，周昉。

图 1-4-61 盛唐女服。《捣练图》局部，唐，张萱。

图 1-4-62 着襦裙披帛，梳堕马髻的仕女。《宫乐图》局部，唐，佚名。

(5) 披帛

披帛通常以轻薄的纱罗裁成，上面印画图纹。披帛的长度一般都在两米以上，女子使用时将它披搭在肩上，并盘绕于两臂之间，走起路来，随着手臂的摆动带动着披帛不时飘舞，非常美观。从大量资料图像来看，隋唐妇女在各种场合，诸如劳动、娱乐或出行，都喜用披帛作为装饰（见图 1-4-53—1-4-58）。

(6) 女着男装

女着男装是僭越礼制的行为，却也是妇女个性的呈现，同时是唐朝社会开放的反映。女性穿着男装在唐朝成为一种时尚，据《大唐新语》记载："天宝中，士流之妻，或衣丈夫服，靴、衫、帽，内外一贯矣。"有史料载，太平公主便是女着男装的领袖。唐朝女着男装的形象在陕西等地的墓室壁画中有大量反映。永泰公主墓石椁线刻画上都是着男装的妇女。新疆吐鲁番阿斯塔那出土的绢画中也有这类着男装的妇女形象。《永乐大典》卷二九七二引《唐语林》曰："武宗王才人有宠。帝身长大，才人亦类帝。每从（纵）禽作乐，才人必从。常令才人与帝同装束，苑中射猎，帝与才人南北走马，左右有奏事者，往往误奏于才人前，帝以为乐。"如此看来，上至王公贵族，下至普通妇女都以着男装为时尚（见图 1-4-63—1-4-69）。

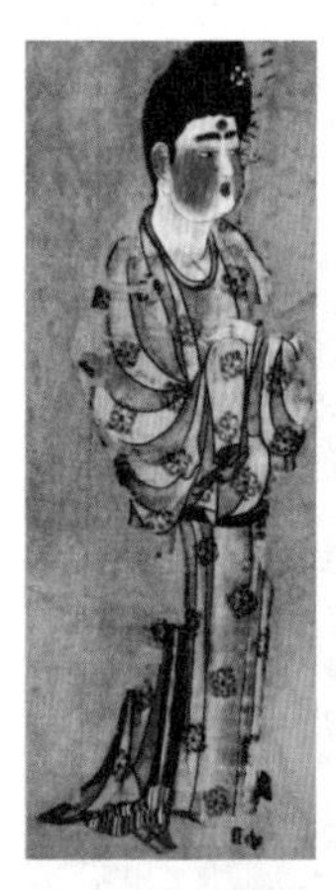

图 1—4—63 梳高髻、穿男装、着条纹裤的女子。绢画，唐，新疆吐鲁番阿斯塔纳 187 号墓出土。

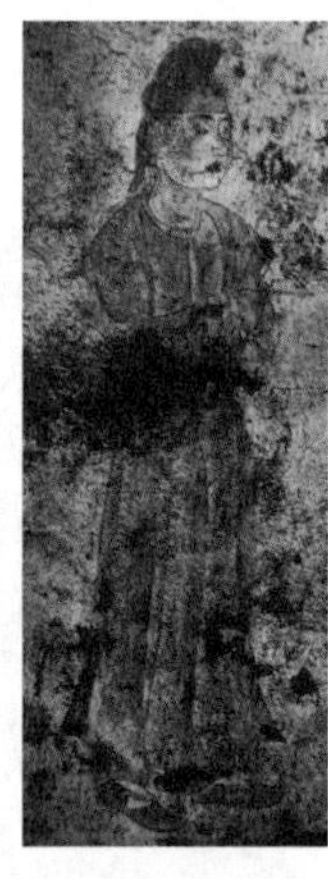

图 1—4—64 着男装仕女，壁画，陕西平唐节愍太子李重俊墓。

图 1—4—65《武后出行图》局部，传唐张萱绘。此画描述了武则天在宫廷巡行的情景。武则天戴宝珠凤冠，着深青交领宽袖衣，腰系革带、大带、丝绦、杂佩，前有蔽膝，显得气度威严。女官们着男装，拥簇其周围。

图 1—4—66 图中间为着男装女子。《宫苑仕女》，壁画，陕西乾县杨家洼村唐章怀太子李贤墓。

图 1—4—67 左边第一人为着男装仕女。壁画，陕西平唐节愍太子李重俊墓。

图 1—4—68 穿圆领衫、着条纹裤、穿线鞋的女子。唐绢画，新疆吐鲁番阿斯塔那 187 号墓出土。

图 1—4—69 梳丫髻、着男装的侍女。作者：任夷。

(7) 胡服

胡服是由圆领或翻领的对襟或左衽窄袖袍（袍面有绣饰、锦边，长及膝下）、小口裤、长革靴、束腰革带、蹀躞带佩饰所构成的装束。胡服对中原的影响始于南北朝时期的北齐，至隋朝而大兴。胡服以褊狭为特点，宋代沈括在《梦溪笔谈》卷一写道："中国衣冠，自北齐以来，乃全用胡服。窄袖、绯绿短衣、长革靴，有蹀躞带，皆胡服也。……唐武德、贞观是犹尔；开元之后，虽仍其旧，而稍褒博矣。"《新唐书·五行志》亦载："天宝初，贵族及士民好为胡服胡帽。"这些记载都足以说明胡服在唐朝盛极一时，这也是唐朝服饰的特色之一（见图1-4-70—1-4-75）。

图1-4-70 梳罗髻、穿小袖、翻领、绔褶服女子。彩绘陶俑，唐，河南省博物院藏。

图1-4-71 唐开元、天宝年间的装束，作者：任夷。图中女子戴浑脱帽、穿翻领对襟服、下着条纹小口裤、腰系蹀躞带、脚着软靴。

图1-4-72 唐西域王子服饰，敦煌莫高窟南壁壁画。图中男子，左为穿织锦翻领回鹘式长袍，右为穿唐制圆领袍头戴花纹锦帽。

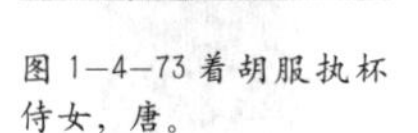

图 1-4-73 着胡服执杯侍女，唐。

图 1-4-74 着胡服的男子，唐。

图 1-4-75 着胡服者，初唐壁画。

(8) 回鹘装

天宝年间，分布于今鄂尔浑河和色楞格河流域的回纥族（今维吾尔族和裕固族先民）受唐册封。宝应元年（公元762年）回纥族助唐平定“安史之乱”，进一步密切了同唐的关系。贞元四年回纥可汗征得唐天子的允许，改回纥为回鹘。唐朝还三次将宁国公主、襄穆公主、安定公主嫁给回鹘可汗为妻。

图 1-4-76 梳回鹘髻、戴金凤冠、穿遍体宝相花纹回鹘装、着云头锦鞋的晚唐贵妇。作者：任夷。

在唐朝开元年间，回鹘曾一度是北方最强盛的少数民族政权。回鹘装对唐朝服饰产生过很大影响，花蕊夫人《宫词》就记有当时宫廷妇女喜好“回鹘衣装回鹘马”的情况。回鹘装的基本特点是略似男子的长袍，翻领，袖子窄小而衣身宽大，袍长曳地。颜色以暖色调为主，尤喜用红色。材料大多用质地厚实的织锦，领、袖均镶有较宽阔的织金锦花边。穿着这种服装，通常都将头发挽成锥状的髻式，称“回鹘髻”。髻上另戴一顶缀满珠玉的桃形金冠，上缀凤鸟。两鬓一般还插有簪钗，耳边及颈项各佩许多精美的首饰，足穿翘头云形软锦鞋（见图1-4-76）。

图 1—4—77 梳拧旋髻，穿窄袖短糯、袒领半臂、长裙，披帛的妇女。图中人物脸部上的面靥、花钿、斜红都是唐朝的典型妆饰。作者：任夷。

(9) 半臂

半臂又称“半袖”，是一种从短襦中脱胎出来的服饰，其制略同于裲裆，比裲裆长而有短袖。半臂的样式一般为短袖、对襟，衣长与腰齐，胸前结带。也有“套衫”式的半臂，穿着时由头顶套穿。半臂下摆，可显现在外，也可以像短襦那样束在里面。男女都可穿着半臂，相对而言妇女穿半臂较多。半臂在唐代前期较为流行，唐晚期明显减少，这是因为唐代前期女装上衣狭窄，适合套上半臂；中唐以后，随着女装日趋肥大，再套半臂会感到不适，所以使用范围也逐渐缩小（见图1-4-77）。

图 1—4—78《虢国夫人游春图》局部，唐，张萱。

《虢国夫人游春图》所绘的是唐玄宗时代显赫一时的杨氏姊妹出行游春时的情景。虢国夫人在画面中部，身穿淡青色窄袖上襦，肩搭白色披帛，下着描有金花的红裙，裙下露出红色绣鞋（见图1-4-78）。

《捣练图》是张萱的代表作，它描绘了一群妇女捣练、络线、熨烫及缝衣时的情景。图中妇女为成年妇女，都穿短襦、长裙，腰上系丝绦，肩上搭有披帛，是典

图 1-4-79 身着纱罗衫，束高胸长裙，着围裳、披帛，头簪花、步摇的贵妇。《簪花仕女图》局部，唐，周昉。

型的盛唐样式（见图 1-4-61）。

（10）大袖纱罗衫

盛唐以后，胡服的影响逐渐减弱，女服的样式日趋宽大。到了中晚唐，这种特点更加明显，一般妇女服装的袖宽往往在四尺以上。敦煌莫高窟出土的绢画妇女、《簪花仕女图》所绘的贵族妇女以及南唐二陵墓出土的陶塑妇女的服饰，都是这一时期的典型样式。《簪花仕女图》描绘的是贵族妇女在庭院中散步、采花、捉蝶及戏犬时的情景，与其他唐人画像不同，图中人物头簪特大花朵，身穿透明纱衣，纱衣的里面穿抹胸或不穿内衣，配长裙。这是自西周服制建立以来罕见的新奇装束，和当时的思想开放程度有密切关系。尤其是不着内衣，仅以轻纱蔽体的装束更是前所未有，所谓“绮罗纤缕见肌肤”就是对这种服装的概括描述（见图 1-4-79—1-4-81）。

图 1-4-80 着大袖对襟纱罗衫、长裙、披帛的中、晚唐贵妇装。作者：全子。

图 1-4-81 穿大袖对襟纱罗衫、长裙、披帛的贵妇。作者：任夷。

(11) 钿钗礼衣

图 1-4-82 晚唐，敦煌 9 窟供养人服饰图。图中好梳宝髻，广插簪钗梳篦，穿直领大袖衫、高胸裙、披帛，束绅带，笏头履。

钿钗礼衣是唐朝命妇的一种礼服，《武德令》记载，皇后服有袆衣、鞠衣、钿钗礼衣三等。钿钗礼衣包括礼服及发髻上的金翠花钿，并以钿钗的数目明确地位身份。《旧唐书·舆服志》和《新唐书·舆服志》等都有相关记录："钿钗礼衣者，内命妇常参、外命妇朝参、辞见、礼会之服也。制同翟衣，加双佩、小绶；去舄，加履。首饰大小十二树（花钗有如小树枝），以象衮冕之旒；两博鬓，饰以宝钿。一品九钿，二品八钿，三品七钿，四品六钿，五品五钿。"根据史料记载，钿钗礼衣的构成可归纳为以下几个部分：一、类翟衣而无翟纹的大袖连裳，通用杂色；二、素纱中单；三、蔽膝；四、大带；五、革带及袜、履等，类似深衣制。但从敦煌壁画供养人所着的服饰中，我们见到的大多是襦裙大袖对襟衫。依据唐朝服饰审美特点，敦煌这些壁画图片资料所呈现的着装样式是可信的 (见图 1-4-82—1-4-87)。

图 1-4-83《唐都督夫人礼佛图》摹本。前三人根据身份的不同，头上所饰的钿钗数量是不一样的，但所着服装除色彩外基本一致，都是着半臂、襦裙、披帛，腰系丝绦。这是中晚唐之际的贵族礼服，一般多在重要场合穿着，如朝参、礼见及出嫁等。穿着这种礼服，因发上簪有金翠花钿，所以又称"钿钗礼衣"。

图 1-4-84 图中为梳倭堕髻，广插簪钗梳篦，穿直领大袖衫、高胸裙、披帛，束绅带，笏头履的妇女。《引路菩萨图》，唐绢画，敦煌莫高窟藏经洞。

图 1–4–85 五代于阗公主头饰与面妆，着高贵唐制礼服，戴高耸的大型莲花凤冠，有花钗步摇。

图 1–4–86 供养人像：于阗国王后。五代，莫高窟第 61 窟东壁。

图 1–4–87 着花钗或钿钗礼衣的贵妇，身着襦裙，系大带至胸上，外罩对襟大袖衫，头饰有凤冠、花钗、花钿、簪子、梳子。莫高窟 98 窟东壁，范文藻摹五代归义军节度使曹议金家族女。

4. 服饰纹样

服饰纹样历汉、魏晋南北朝至隋唐，经数百年对外来纹样的吸收与融合，逐步完成外来纹样民族化的改造，产生了融贯中外的新的纹样形式与风格，以植物纹样为主题的服饰纹样体系基本形成。其特征为：以植物纹样为主体，以审美装饰为目的。纹样内容以写生折枝花、团花和散朵花最具代表性，它们与众多飞禽自由组合，体现出花团锦簇、燕雀翱翔的吉祥图景，是大唐盛世勃勃生机的象征，充分展现了唐人自信、面向自然、面向生活的情趣以及开放的社会风尚 (见图 1-4-88—1-4-95)。唐代服饰纹样尤以草纹（植物卷

图 1–4–88 花鸟缠枝纹锦绣，唐。

图 1–4–89 花鸟纹刺绣，唐。

图 1–4–90 对马纹锦绣，唐。

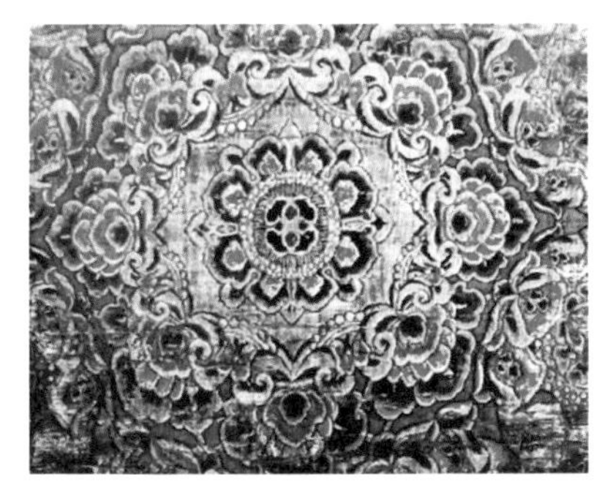

图 1—4—91 大宝相花纹锦，唐。

图 1—4—92 对兽纹图，唐。

图 1—4—93 人物对饮纹锦残片，唐。

图 1—4—94 团窠联珠对鹿纹锦残片，唐。

图 1—4—95 团窠对鸟纹锦残片，唐。

草纹样)、宝相花（佛教象征性花卉，由莲花纹演变而来）和陵阳公样等最为典型，甚至可以看成是唐代标识性的纹样符号。据张彦远《历代名画记》记载:“高祖太宗时，内库瑞锦对雉、斗羊、翔凤、游麟之状，创自师伦，至今传之。”由于窦师伦被封为陵阳公，他设计的瑞锦、宫绫花纹等多采用对称的格式，后人称为“陵阳公样”。其实，这一形式的形成也是吸收外来纹样并加以改造的结果。

图 1–4–96 中唐时典型的铠甲样式。铠甲的制作比初唐更加精致，甲衣上的装饰也更加烦琐、细致。(根据出土陶俑及彩塑复原绘制，图片来源于《中国历代服饰》)

5. 军戎服饰

初唐的铠甲和戎服基本保持着南北朝至隋代的样式和形制。贞观以后，进行了一系列服饰制度的改革，渐渐形成了具有唐代风格的军戎服饰。高宗、则天两朝，国力鼎盛，天下承平，上层集团奢侈之风日趋严重，戎服和铠甲脱离了使用的功能，演变成为美观豪华、以装饰为主的礼仪服饰。“安史之乱”后，又重新恢复到金戈铁马时代的那种利于作战的实用面貌，特别是铠甲，晚唐时已形成基本固定的形制。唐代的铠甲，据《唐六典》记载，有明光、光要、细鳞、山文、乌锤、白布、皂绢、布背、步兵、皮甲、木甲、锁子、马甲等十三种。其中明光、光要、锁子、山文、乌锤、细鳞是铁甲，并且后三种铁甲是以铠甲甲片的式样来命名的。皮甲、木甲、白布、皂绢、布背，以制造材料来命名。在所有的铠甲中，以明光甲使用最为普遍 (见图 1-4-96—1-4-102)。

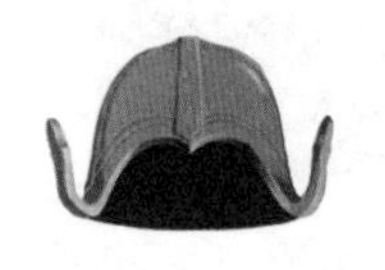

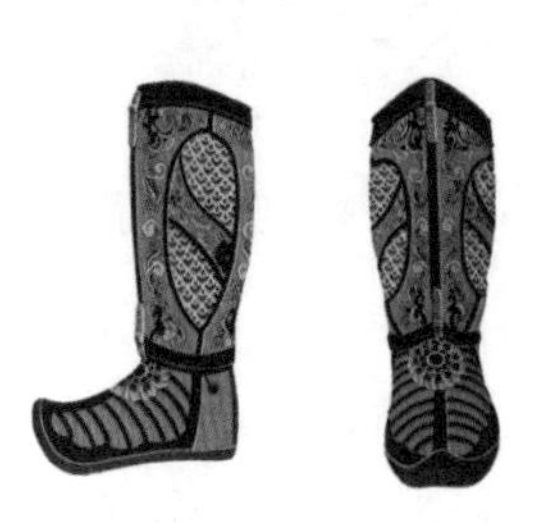

图 1–4–97 兜鍪靴子。(根据出土陶俑及彩塑复原绘制，图片来源于《中国历代服饰》)

图 1–4–98 着明光铠的武士俑。

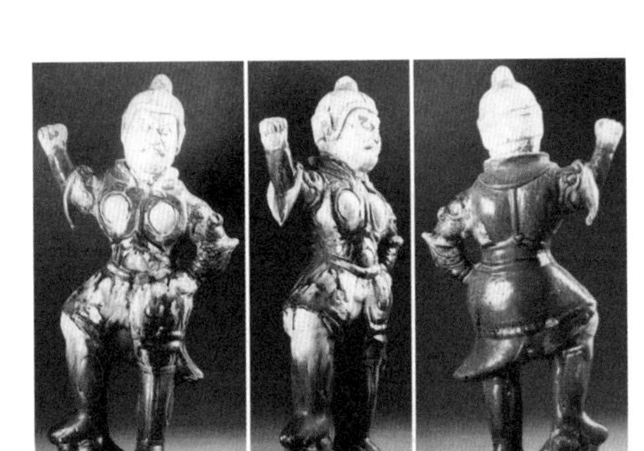

图 1-4-99 着明光铠的三彩武士俑。

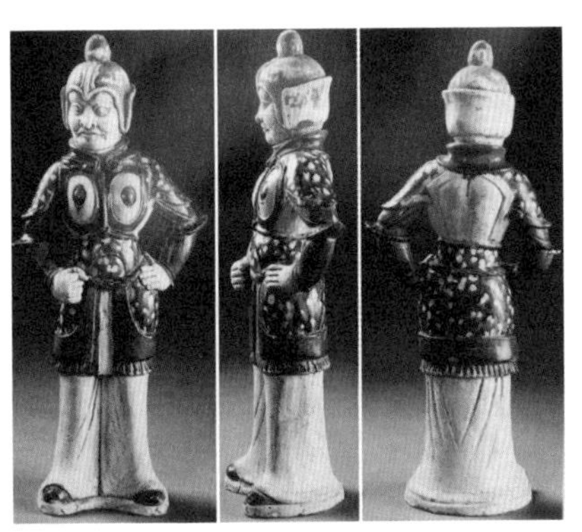

图 1-4-100 着明光铠的武士俑。

图 1-4-101 隋唐军戎服饰。（图片来源于《中国皇朝的军队》）

图 1-4-102 隋唐军戎服饰。（图片来源于《中国皇朝的军队》）

6. 五代服饰

五代服饰亦有一些变化，如男装的幞头软脚逐渐向直角发展；女装裙子逐渐变为纤细腰身，裙腰线基本上回归正常腰位，裙带也较长；披帛较唐代瘦长些，并多了一种名为“诃梨子”的披肩饰物（见图 1-4-103—1-4-107）。

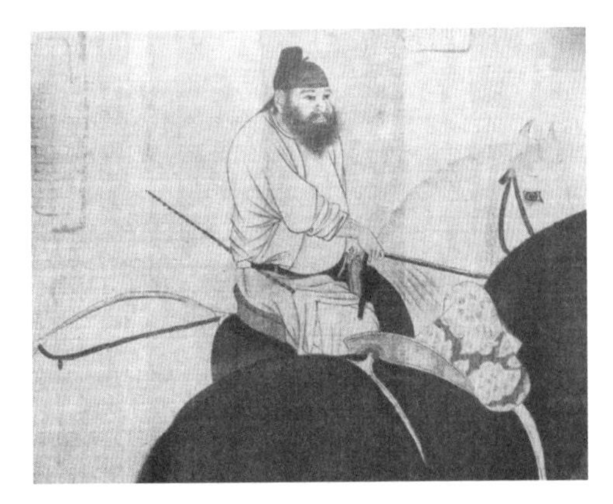

图 1-4-103 图中男子系幞头，穿圆领缺骻袍衫，与唐朝无异。《牧马图》局部，五代，韩幹。

图 1–4–104 五代女服，作者：任夷。五代时，唐朝的衣冠之族多避乱在蜀中和江南等较为富庶之地。蜀中以产蜀锦驰名，给后来宋锦的发展奠定了基础。这期间妇女中流行一种被称为“诃梨子”的披肩（金、元、明时期则演变为“云肩”），女裙则变为纤腰细身，裙间作多折。

图 1–4–105 着襦裙、披帛的五代女子，内着抹胸，裙长拖地，腰线回归正常腰位，腰间一般都用丝绦系束，剩余部分垂下，似两条飘带，披帛较唐代狭窄，但长度增加。作者：任夷。

图 1–4–106 图中右一妇女头梳包髻，簪花钿，着半臂襦裙，披帛，系玉环绶。左一妇女梳双髻，簪花钿，着圆领缺骻袍衫，内着长裤。《浣月图》，五代，佚名。

图 1–4–107 画中男子仍着唐代男装，女子除腰线下移、服装偏瘦外，襦裙、抹胸、披帛都与唐代一致。《韩熙载夜宴图》局部，五代，顾闳中。

7. 隋唐五代最具代表性的服饰结构与工艺图

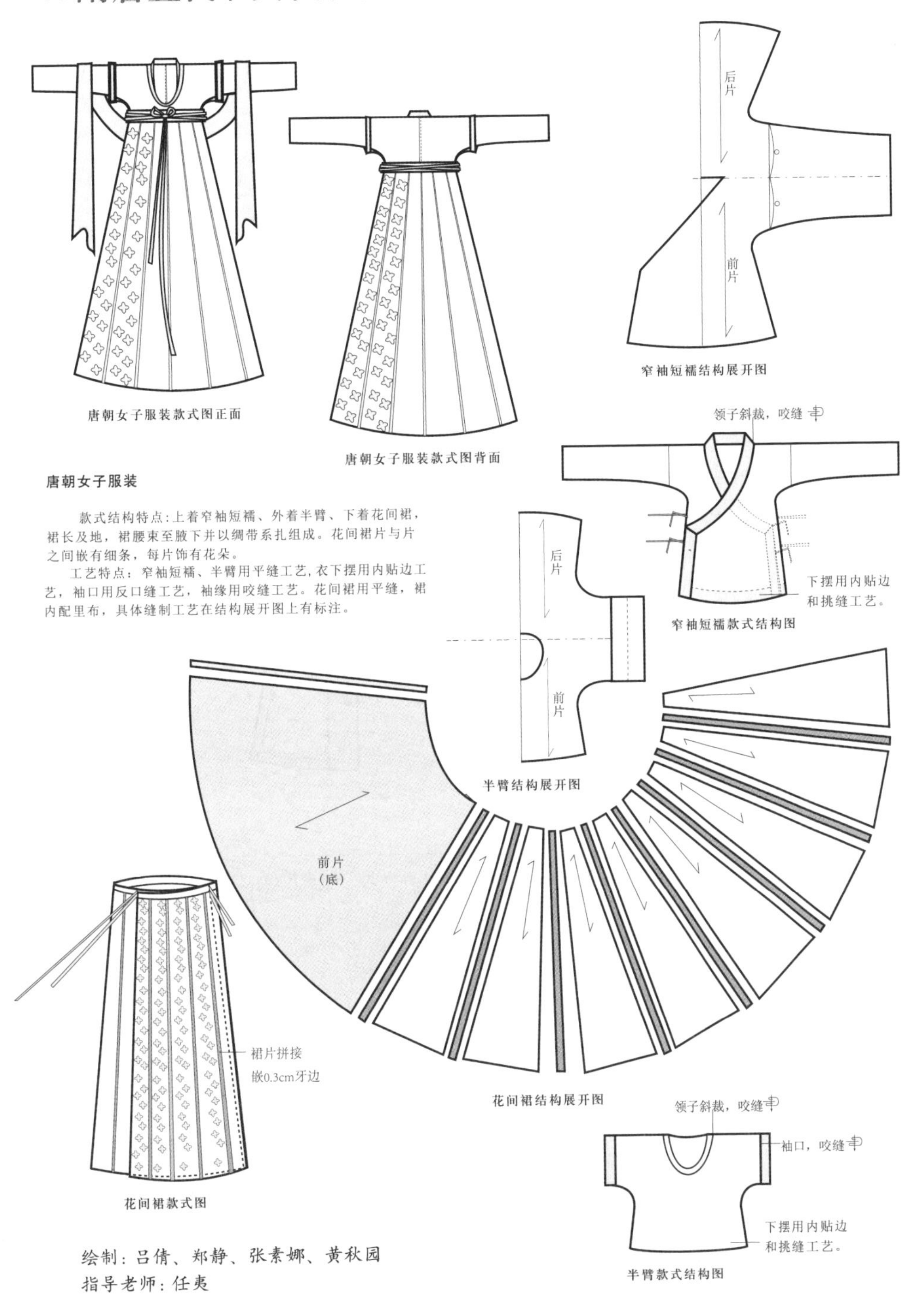

唐朝女子服装

款式结构特点：上着窄袖短襦、外着半臂、下着花间裙，裙长及地，裙腰束至腋下并以绸带系扎组成。花间裙片与片之间嵌有细条，每片饰有花朵。

工艺特点：窄袖短襦、半臂用平缝工艺，衣下摆用内贴边工艺，袖口用反口缝工艺，袖缘用咬缝工艺。花间裙用平缝，裙内配里布，具体缝制工艺在结构展开图上有标注。

绘制：吕倩、郑静、张素娜、黄秋园

指导老师：任夷

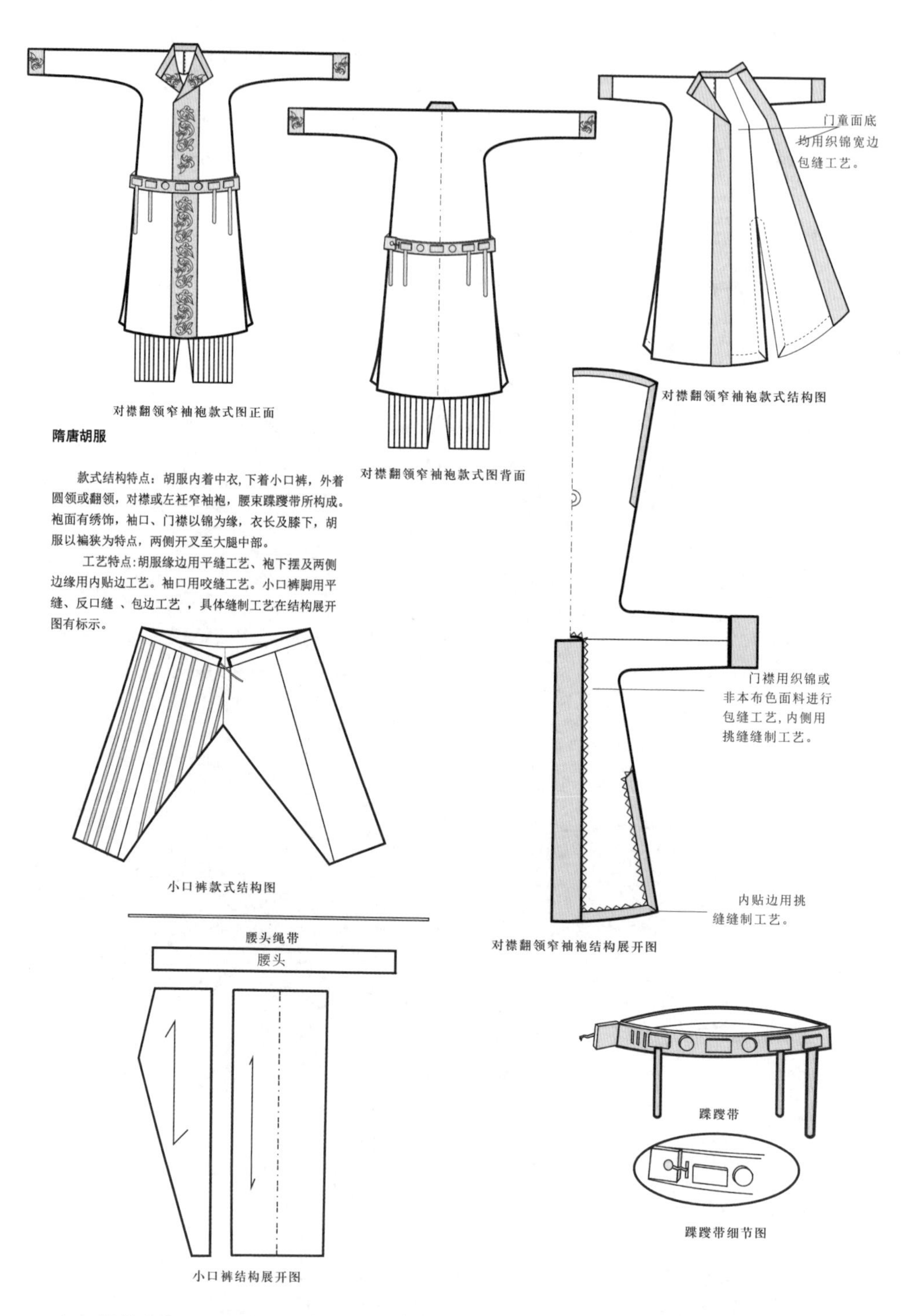

对襟翻领窄袖袍款式图正面

对襟翻领窄袖袍款式图背面

对襟翻领窄袖袍款式结构图

隋唐胡服

款式结构特点：胡服内着中衣，下着小口裤，外着圆领或翻领，对襟或左衽窄袖袍，腰束蹀躞带所构成。袍面有绣饰，袖口、门襟以锦为缘，衣长及膝下，胡服以褊狭为特点，两侧开叉至大腿中部。

工艺特点：胡服缘边用平缝工艺、袍下摆及两侧边缘用内贴边工艺。袖口用咬缝工艺。小口裤脚用平缝、反口缝 、包边工艺 ，具体缝制工艺在结构展开图有标示。

小口裤款式结构图

对襟翻领窄袖袍结构展开图

蹀躞带

蹀躞带细节图

小口裤结构展开图

思考题：

1. 用图文说明唐代社会的繁荣带来了服饰样式与纹样上的哪些变化？为什么？
2. 唐代的妆饰有哪些特点？
3. 隋唐五代军戎服饰有哪些变化？

第五章

宋朝服饰

唐朝社会繁荣的背后潜藏着种种危机，在异族文化盛行的同时，传统文化中以汉族文明为中心的伦理准则渐渐失去其普遍约束力，传统行为模式也渐渐失去普遍合理性，以致传统的礼法制度以及伦理道德观念无法规范社会生活，过去士人一贯崇尚的俭朴理念也在物欲横流中荡然无存。儒家传统的入世精神已经不再能激励士人的责任心，爆发于中唐时期的“安史之乱”诱发了蕴藏于封建社会的重重危机，晚唐爆发的农民起义更加剧了各地军阀与豪强的割据，随之而来的是五代十国的长期动乱。宋太祖赵匡胤和宋太宗赵匡义用了近20年的时间，才结束了除北方的辽国和西北的夏国外的割据状况。

宋朝（公元960年—公元1279年）虽重建统一帝国，但在北方由契丹族建立的辽国、党项族建立的西夏以及蒙古族建立的元朝，都相继南侵。宋代的对外战争接连失利，被迫赔款割地，国事日蹙，直至偏安江南。过去汉唐那种睥睨四方、君临万国的心理，在周边的压迫下开始发生变化。虽然“杯酒释兵权”暂缓了宋太祖赵匡胤的压力，但“马上得天下，焉能马上治天下”。仅仅靠天子的神武并不能解决全部问题，一个政权的合法性也不可能完全由武力维持。制礼作乐、举行国家大典等传统举措，仍然是确立合法性的必要仪式。于是，宋朝开始意识到礼仪的重要性（中国古代所有王朝都曾借助一系列的仪式与象征，来确立自己的合法性，正所谓“奉天承运”）。在国家典礼的隆重仪式中，拥有权利者以象征的方式与天沟通、向天告白，同时又以象征的方式接受上天的庇佑，通过仪式向天下的民众暗示自己的合法性。自周公制礼始，每朝每代，只要是新政权的建立都会举行各种仪式来向上天、民众陈述自己的合法性。各种仪礼服饰就是顺应这种仪式的需要而出现的，作为礼的载体发挥着它的作用。

宋朝在总结了前人治国经验的基础上意识到，只有由知识阶层表述的知识、思想与信仰系统，才能有效地建构政治与伦理的秩序，一个庞大而有影响的知识阶层的舆论，对于国家的意义是不言而喻的。这种意识也是历朝历代王权所没有的。因此，宋初的统治者逐渐把自己与知识阶层联系起来。有资料载，宋太祖虽然不是文化人，但是相当喜欢读书，“虽在军中，手不释卷，闻人间有奇书，不吝千金购之”。[1]相传他所制订的优待文人的政策，也深深地影响着当时的风气。这一重文的皇家取向，很快就造就了一个庞大的知识阶层，崇尚知识的风气也蔚然成形。几十年间，知识阶层渐渐恢复了文化的自信，也渐渐认同了宋朝政权的合法性。

但之后的内忧外患使深藏在士人心底的更深的忧虑开始浮出水面。“在这种心情下，超越自然与社会的‘道’，或为政治国家、道德伦理、宇宙构架、自然知识提供同一依据的‘理’才会被提出来。所谓‘理’，是现实存在的观念性与非时间性层面。”[2]以朱熹为代表的理学的兴起，成了宋代文化最重要的标志。在朱熹看来，“天理”是一种绝对的存在，它的具体表现就是伦理纲常，因而强调“正心、诚意、修身、齐家、治国，平天下”的理学思想。一方面由于它将“天理”“人欲”对立起来，进而以天理遏制人欲，约束带有个人色彩的情感欲求，故而有着浓厚的禁欲主义色彩；但另一方面，理学强调通过道德自觉实现理想人格的建构，也强化了汉民族注重人格气节和德性情操、注重社会责任与历史使命感的一面。在服饰方面，由于理学的作用，盛唐袒胸露臂的开放、黄红绿紫的浓艳、金丝银缕的奢华变得荡然无存。

宋朝虽然经济不如唐朝那么发达，但是由于宋朝重文的因素，臣民颇有文化气质，是中国历史上士大夫阶层的黄金时代。宋人的文化修养普遍高于前

[1]《续资治通鉴长编》卷7，乾德四年，第171页

[2]葛兆光：《中国思想史》二卷，复旦大学出版社，2001年，第180页

代，无论在文学、哲学、书画（苏轼、黄庭坚、米芾等）等方面，均有重大发展。宋朝皇帝所受的教育程度相当高，都是才艺出众的文人（即使是负上亡国罪名的宋徽宗赵佶）。然而，重文轻武也产生了一些负面影响，使得宋朝军威不振，众多热血男儿空怀报国之志。但文治带来的经济富庶与文化发达，亦令不少后人追忆宋朝的盛世繁华。两者的矛盾，造就了内敛而精致的社会风尚，并直接影响到人们的生活态度与审美趣味。

图 1–5–1 着小袖褙子，系腰裙，加腰袱，外着交领袍衫，下着长裤、胫衣、裹脚的杂剧人物。宋，《杂剧人物图》局部。

在服饰方面，宋代开始一反唐朝的奔放而趋于拘谨、保守。五代南唐李后主的一个妃子，常常以帛缠足，在莲花座上跳舞，引起女性效仿。同时，这种装束正好与宋代理学的审美取向相契合，促使社会形成了对这种畸形美的追求。“一钩罗袜素蟾弓”不仅表明了袜子的材料，而且刻画出宋代女子对缠足的崇尚。宋代名画《杂剧人物图》中也留有缠足的形象（见图 1–5–1）。此时服饰的色彩也一反唐朝浓艳鲜丽之趣，形成宋代特有的淡雅恬静之风。服饰造型变得瘦小，纹样多采用小花、小点加规则纹。如果说唐代的服饰风格是开拓、恢宏的，那么宋代的服饰则是内敛与儒雅的，流露出一种清秀的美。《盥手观花图》(见图 1–5–2) 中幽雅的环境，端庄秀丽的妇人，反映出宋朝贵妇醉心于风花雪月的闲情雅致，这与骑马、穿胡服、热衷户外活动的唐朝妇女明显不同，但它与宋代山水画中那种清淡、静远之美遥相呼应。

宋朝妇女主要穿裙和衫，裙子较唐朝的窄。衫较长，为对襟，穿在裙子之外。其他日常服饰还有襦、袄、褙子等，下身有裤，腰间有围腰、围裳、抱腰，另外还有贴身内衣抹胸、裹肚。头饰方面有高髻、盘髻或假髻。未出嫁的女孩，则在头上梳双髻（两个中空如环形的发髻)，发髻上有簪、钗、步摇、花冠等

首饰物 (见图 1-5-2—1-5-5)。

男子服饰有袍、襦、袄、裤，首服有冠、巾、帽、帻、笠等，腰饰有围腰、革带、抱腰等，脚着鞋、木屐等。

图 1-5-2《与手观花图》，宋。图中优雅的环境，端庄秀丽的贵妇，反映了宋朝女性醉心于风花雪月的闲情雅致，与骑骏马、穿胡服、热衷户外活动的唐朝妇女明显不同。

图 1-5-3 图中左一为着男装侍女，右边两位着襦裙披帛。《绣栊晓镜》，宋，王诜。

图 1-5-4 图中仕女均着对襟小袖褙子。《瑶台步月图》，宋，陈清波。

图 1-5-5 宋时梳高髻，着小袖褙子的女子。煮茶画像砖，中国国家博物馆藏。

1. 品官服饰

宋朝的服饰体制在承袭唐朝的基础上，参考了汉朝以后各朝代的服饰特色。

（1）朝服

朝服也叫具服，于朝会时穿着。上身着朱衣，下身系朱裳，也就是穿绯色罗（丝织品）的袍和裙，内衬白花罗的中衣，束罗大带，并以革带系绯色罗的蔽膝，挂玉剑、玉佩、锦绶，着白绫袜子和黑皮履。六品官以下没有中衣、佩剑及锦绶，以示官位高低之区别。为防止衣领鼓起，领间多了“方心曲领”，既起到压贴的作用，也成为一种装饰。

（2）公服

公服也叫从省服或常服。宋朝公服沿袭了唐朝的服制，以色彩来区别官职的大小。服色依次为紫（三品以上）、朱（五品以上）、绿（七品以上）、青

图 1–5–6 宋朝礼服，头戴通天冠，身着绛纱袍，腰系红金绦，饰白罗方心曲领，着白袜黑舄，系佩绶、璜等。作者：任夷。

图 1–5–7 着常服的皇帝，头戴直角幞头，着圆领袍衫，系革带。作者：任夷。

图 1–5–8 头戴黑色直角幞头，身穿红色圆领袍服，腰围白色抱肚，系看带、义带，双手抱骨朵的门吏。

图 1–5–9 宋朝常服，头戴幞头（方顶硬裹，两脚平施一折），穿盘领大袖袍（袍色紫或红），佩鱼袋，腰束金带，穿宽口裤，长筒靴。常服所佩的革带是区别官职高低的重要标志。作者：任夷。

（九品以上）。其款式特点为：圆领、大袖，下裾加一横襕，腰束革带，头戴直角幞头，脚穿靴或革履（见图 1–5–9）。

在宋朝的服饰中，革带也是区别官职高低的一种附属物件，其材料与装饰都很讲究。皇帝用排方玉带，亲贵勋旧如受赐玉带，则将銙琢成方、团两种形状。宋时叶梦得《石林燕语》卷七道："国朝亲王皆服金带。"金銙上有各种花纹装饰，其中束荔枝纹样装饰的金带，"世谓之'横金"（宋时徐度《却少编》卷上），可见它在当时备受重视。一般在腰间束一条革带，但宋、元时亦有在身前束腰之上再加一带者，上面的称为看带，下面的称为义带（见图 1–5–7—1–5–10）。革带是由带鞓（带本身用皮革做成，外面裹以不同色彩的绫绢）、带銙（用不同质材雕刻纹饰后，成或方或圆的块片状饰于带上）以及两端的垂头（又称挞尾或铊尾）构成。

宋朝依照前朝制度，按季节颁赐各官员服饰，这种颁赐的服饰就叫时服，如每年的端午节、十月或五圣节等。这种赐服大多以各式有鸟兽纹样的锦纹衣料做成，所赐衣服有袍、袄、衫、抱肚（袍肚）、勒帛、裤等，视其官职高下而定。所赐的锦袍有宽身大袖与紧身窄袖两种，所有官员的锦袍上都织有一定的花纹，如翠毛、宜男、云雁、狮子、练鹊、宝照大花、柿红龟背、锁子等。这些锦缎中的动物图案，继承了武则天时期百官纹饰的基本形制，但较之更为具体，成为明朝补子图案种类与范围的前身。

图 1–5–10 戴直角幞头，腰系看带、义带的帝王。《历代帝王像》，宋，台北故宫博物院藏。

其中，勒帛是一种系在锦袍外面，用帛、绢做的带子，有红、紫二色；绣抱肚是用作包裹腰肚的物件，因身份不同，材质与纹样会有所区别（参见后文中的图 1–5–26、1–5–27）。

2. 男子服饰

(1) 衫与士人服饰

衫是两宋时期男子的常服。其款式特点为无袖头的大袖长衫，上为圆领或交领，下则加接一幅横襕，以示传承传统上衣下裳之旧制。衫多用细布，服色以浅淡为主，配以深色缘边，腰间束带，外套对襟衫子，为仕者燕居、告老还乡或低级吏人穿用（见图 1–5–11—1–5–13）。

图 1–5–11 头戴高帽，着圆领大袖衫者。《杂剧“眼药酸”》宋，佚名。

图 1–5–12 戴黑色桶顶巾、着黑色大袖衫的士人。《毕世长像》宋，佚名。

图 1–5–13 戴黑色桶顶巾、着黑色圆领袍衫的士人。《杜衍像》宋，佚名。

图 1–5–14 文人学士服，作者：任夷。

宋代文人学士的服饰色彩多呈淡色，以白色最为流行，领、袖、裾常以深色缘边。黑色服饰多用于礼服。士人多头戴桶顶巾，身穿交领右衽深衣、直领宽身大袖外衣，腰束丝带，穿宽口大裤，足着鞋履（见图 1-5-14）。

3. 妇女服饰

宋朝妇女服饰以襦、袄、衫、褙子、半臂、抹胸、裹肚、裙、裤为主。其中褙子最具特色，是宋朝男女皆穿，尤其盛行于女子中的一种服式。

（1）褙子

褙子以直领对襟为主，前襟不施半纽，袖有宽、窄二式，衣长有膝上、齐膝、过膝、齐裙或长至足踝几种，腋下开长衩（不开衩的少见）。上至皇后贵妃，下至奴婢侍从、优伶乐人及男子燕居均好服用（见图 1-5-15—1-5-23）。

图 1-5-15 大袖褙子，作者：任爽。此图为头梳高髻（梳双环的为少女），饰玉簪、玉钗，身穿淡色罗衫，外套大袖褙子（两侧开衩至腋下十厘米处，衣长至膝或足），饰有缘边，门禁为对襟，下穿长裙，系结彩缕、玉佩的贵妇。

图 1-5-16 小袖褙子，作者：任爽。此图为梳高髻、身穿小袖褙子、腰间系一围肚（其色尚鹅黄因此俗称“腰上黄”）的女子。

图 1-5-17 穿小袖对襟衫，着裤、弓鞋，戴花冠，加腰袱的杂剧女艺人。《杂剧人物图》，宋。

图 1—5—18 穿褙子的女子。《歌乐图》，宋。

图 1—5—19 图中人物头戴白色团冠，着青色对襟褙子，白色长裙。宜阳县韩城仁厚村，宋墓壁画。

图 1—5—20 图中人物均穿褙子。墓门正视图，河南登封高村北宋墓。（图片来源于《中国墓室壁画史》）

图 1—5—21 图中两女性均着褙子。《备宴图》，壁画，河南登封黑山沟北宋墓。

图 1—5—22 图中女性均着褙子。《烙饼图》，壁画，河南登封黑山沟北宋墓。

图 1–5–23《宫沼纳凉》，宋。图中贵妇脑后扎髻，头上饰有花钿、梳子，外着对襟半臂，内着纱罗衫，胸前挂有玉饰，腰系大带、丝绦，披帛，手戴玉镯，下着浅色长裙。

(2) 襦裙

宋朝襦裙承唐朝形制，仍为短衣，长裙，唯有裙腰束至腰间，不如唐时束得高至胸部（见图 1–5–24）。

4. 军戎服饰

宋朝军戎服饰可分为两类：一类用于实战，一类用于仪卫。前一类在款式上为头盔、铠甲组合（见图 1–5–25、1–5–26）。铠甲是由披膊、甲身、腿裙、鹘尾、兜鍪和兜鍪帘、

图 1–5–24 穿襦裙，披帛的宫女，作者：任夷。图中人物头梳包髻、饰有珠花玉翠，穿窄袖罗衫襦，外罩大襟半臂，下穿长裙，腰间系绸带、佩玉环绶（起压裙幅的作用，以防裙子随风飘起而不雅观）。

图 1–5–25 宋朝将帅服，作者：任夷。头戴凤翅战盔（凤翅护额、盖耳），顶饰红缨。全身披甲——上有盆领雍颈，胸前着裲裆甲并饰护心镜，上臂披甲，琵琶大袖口束臂鞲；下穿宽口战裤，外披膝甲，腿束帛巾，足着战靴；外罩缺胯战袍，右臂袒露。

图 1–5–26 女将戎服，作者：任夷。头戴女式战盔（前仍有缘边，盔顶置有小冠，用以约束发上的堆髻），盔下衬以帻，披缕结带；身穿战袄，盆领雍颈，外著裲裆甲，饰有护胸圆护镜，着绣抱肚，围肚；上臂束甲，裥褶大袖或琵琶袖；下臂束以臂鞲。下穿甲裙，外披膝甲。腰束革带，足着战靴。

杯子、眉子等构成，并用皮线穿联。一副铁铠甲，重近五十斤。另有轻便装束，如战袄、战袍（见图 1-5-27）。《宣和遗事》中描述的“急点手下巡兵二百余人，腿系着粗布行缠，身穿着鸦青衲袄，轻弓短箭，手持闷棍，腰挂环刀……”应是军戎服饰中的轻便装束。仪卫中的军士们穿的甲胄，其形式是仿实战军服的，只是用粗帛为面料，上绘甲叶的纹样，并加红锦缘边。仪卫军士常以青布为下裙（长短至膝），红皮为钩络带（见图 1-5-28—1-5-29）。

图 1-5-27 着勒帛、穿较轻便装束的战袍、束抱腰的士卒。作者：任夷

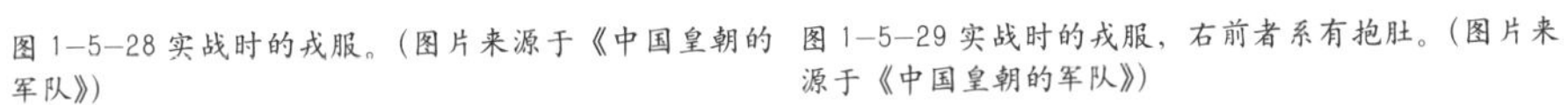

图 1-5-28 实战时的戎服。（图片来源于《中国皇朝的军队》）

图 1-5-29 实战时的戎服，右前者系有抱肚。（图片来源于《中国皇朝的军队》）

图 1—5—30 童装，作者：任夷。婴童服饰历代相承，变化不多。上衣以圆领、交领、直领为常见。然而其发型却很有特色，除女婴童外，多不蓄发，发式有撮发式、结椎髻式、三搭辫式等。此图前者留撮发，穿对襟衫，腹裹肚巾，着裤；后者则顶留多处撮发，扎小辫，穿两侧开衩的交领外衣，童趣盎然。

图 1—5—31 留三撮发、穿交领衫、腹裹肚巾、着裤的儿童。

5. 儿童服饰

因存世的宋代儿童题材的绘画作品较多，所以留下了许多宋代儿童服装的形象资料，从资料上看，除发型、头饰有所不同外，宋代儿童服装款式基本上是大人服饰的缩小型翻版。（见图 1–5–30、1–5–31）

6. 服饰纹样

相较于唐朝的艳丽、华美，宋朝服饰纹样风格轻淡、自然、端庄。宋朝建国后，城市商业经济的繁荣兴旺带来了手工业的发展，然而，进入南宋后，文人士大夫阶层的审美与理想染上了一层孤冷、伤感的情调，寄情于世外的隐逸生活。大自然中诸多为人们所喜爱的花草鱼虫、飞禽走兽成为服饰纹样中流行的题材；生动自然的写生折枝花、穿枝花以及大量花鸟纹导致服饰纹样完全走向了世俗化。另一方面，作为宋朝正统思想的程朱理学，也对服饰纹样有所影响。比起唐朝纹样强调祥瑞意义，它更注重纹样的装饰性与政治伦理主张的关系。在表现形式上强调规范性，在特定形式和严格规范中表现美。如龙纹到了宋朝成为统治者服饰上的符号象征，亲王以下不得使用。同时，几何纹样大量出现，并更加严谨、端庄，如龟贝、方棋、方胜、锁子、簟纹、樗蒲等。特别是遍地锦纹的八宝晕，合并多种纹样而成，组织严谨复杂、纹样多样规范、配色丰富多彩，成为宋朝纹样最有代表性的构成样式。宋朝服饰纹样名目繁多，就大类而言有几何纹、花卉纹、鸟兽花卉纹、人物纹等，具体而言有缠枝纹、葡萄纹、如意牡丹纹、百花孔雀纹、遍地杂花纹、梅、兰、竹、菊等纹样（见图 1–5–32—1–5–39）。纹样的结构形式有二方连续式、散点式、团花式、折枝花式、穿枝花式等。

由于丝织业大为发展，纺织方面出现了专业化的趋势，丝绸产量因而大增，其质量亦较唐朝为佳。仅锦类织物就有四十余种，另有罗、绢、绫、纱、

图 1–5–32 鸾鹊纹，北宋。整幅缂丝传世孤品，现藏辽宁省博物馆。

图 1–5–33 八宝吉祥纹织锦，宋。

图 1—5—34 栾雀穿花纹。

图 1—5—35 龟背纹。

图 1—5—36 牡丹纹。

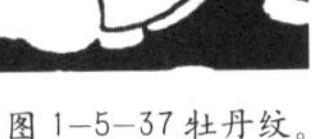

图 1—5—37 牡丹纹。

图 1—5—38 八答晕纹。

图 1—5—39 莲花如意纹，宋。

绮等，尤以缂丝为最。数百年之后的明朝人就认为“唐绢粗而厚，宋绢细而薄，元绢与宋绢相似而稍不匀净”。其中亳州（今安徽亳州）生产的轻纱，被南宋诗人陆游赞为“举之若无，裁以为衣，真若烟雾”。北宋时期，河北是丝绸的主要产地，有“河北衣被天下”之称。后来四川和两浙等地亦出佳品，有四川的“罗织锦绣等物甲天下”[3]之谓。宋朝的麻布和棉布产量也都有增长，其中棉织业更成为日渐普及的新型手工业。宋朝之前，棉花仅在西域等地种植，宋朝时才传入广东、福建和浙江等地，至南宋晚期，棉布已成为长江下游的著名土产。此外，宋朝刺绣技术也有一定的发展，主要用于服饰的各种附属物件上，如裹肚、抱腰、履袜等。

[3] 刘炜主编:《中华文明传真》第七册《两宋》，香港商务印书馆、上海辞书出版社，2001 年，第 58 页。

7. 宋朝最具代表性的服饰结构与工艺图

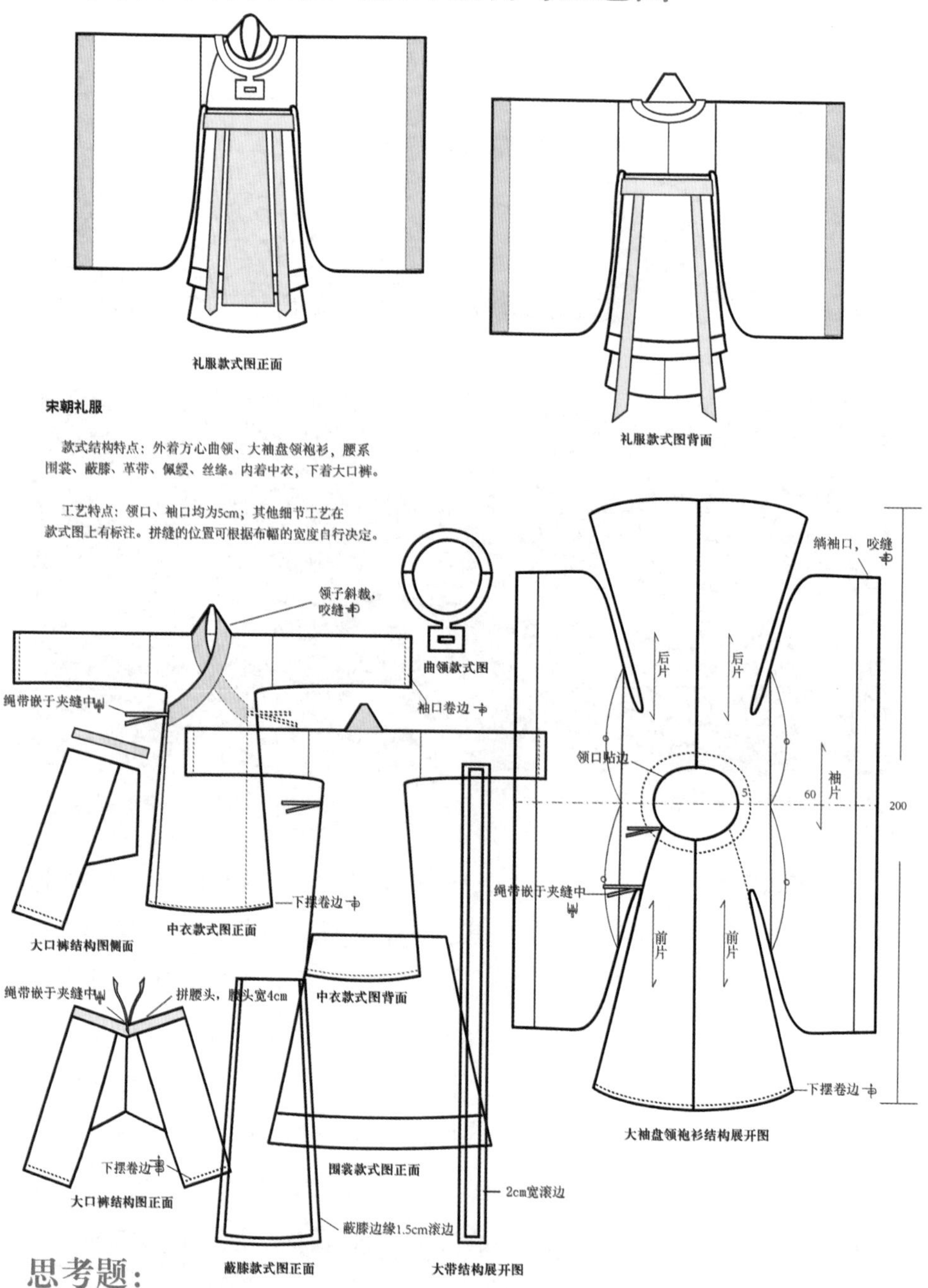

宋朝礼服

款式结构特点：外着方心曲领、大袖盘领袍衫，腰系围裳、蔽膝、革带、佩绶、丝绦。内着中衣，下着大口裤。

工艺特点：领口、袖口均为5cm；其他细节工艺在款式图上有标注。拼缝的位置可根据布幅的宽度自行决定。

思考题：

1. 举例说明宋代服饰的审美特点。
2. 幞头发展至宋代有怎样的变化？
3. 宋代军戎服饰有哪些特点？

绘制：张亚千
指导老师：任夷

第六章

辽金元服饰

公元916年，契丹族首领耶律阿宝机登基称帝，国号“契丹”。公元936年南下中原，攻灭五代后晋，改国号为“大辽”。

公元1115年，女真族领袖完颜阿骨打称帝建国，国号“大金”，随即展开灭辽之战。金灭辽后，挟灭辽之威席卷南下，于公元1127年灭亡北宋，并与南宋长期对峙。

元朝的前身为漠北的大蒙古国，公元1234年攻灭金朝，公元1271年元世祖忽必烈改国号为“大元”，建立“元朝”，公元1276年攻灭南宋，统治全中国地区。直至公元1368年朱元璋建立明朝后，北伐攻陷元大都，元朝廷退居漠北。

辽、金、元时期，契丹、女真、蒙古这三个民族的发展相对于汉民族而言处于较低级的发展阶段，却生气勃勃，有如出山之虎。进入中原后，得汉文化之滋养，更加速了社会发展进程，激发出充沛的开拓能力。特别是蒙古族的崛起，对世界历史进程产生了巨大影响。意大利人马可波罗东游至元代中国后所作的《东方见闻录》，流露出西方人对中国文明的惊诧和赞美，并诱发了15至16世纪欧洲航海家向东方探险的热情。遗憾的是元蒙统治者于马上得天下，却不善于治天下。其在建立政权后，实行四等人制——蒙古人、色目人、汉人（指淮河以北原金朝境内的汉族、契丹和女真等族）、南人（指后被元军征服的原南宋境内的各个民族）。排斥汉人，尤其是排斥南宋汉人的民族排斥国策，必然遭到抗拒，因而其朝代的寿命未满百年就灭亡了。地域太广，无法管理也是其很快覆灭的一个原因。在定都之前，蒙古人的铁骑并未限于现在的中国版图，而是先灭了中国北邻诸王国，随后向西几乎横扫整个亚洲大陆，在以难以置信的速度侵袭印度之后，又征服了波斯和美索不达米亚，并占领了黑海西北的大片俄罗斯国土。蒙古人建立起的亚洲大帝国是历史上版图最大的帝国之一。但是，这样一个东起鄂霍次克海、西至东欧的国家，幅员实在太辽阔，以至统治者在征战得胜之后，无法进行长期有效的治理。最终，文化、宗教上的分歧以及内部的斗争，促使了它的解体。

北方民族的传统服饰形成于他们的游牧生活之中，食肉衣皮为他们提供了基本的生活保障。由于北方地区寒冷，虽有布帛，但服装多以皮、毛等材料为主。冬天，无论富贵贫贱，都穿皮毛服装，衣、帽、裤、袜都用兽皮制成，以挡风寒的侵袭，充分反映了地理环境和气候对服饰的影响。

具体而言，在服饰方面，为了适应北方寒冷的气候以及游猎为生的马背生活，早期北方民族的服装多以圆领、左衽、紧身、窄袖、长袍为主要服装形态。而蒙古人的袍服从史料中看，有左衽也有右衽。他们戴笠帽，穿靴子。据说这种笠帽是古代武士兜鍪的遗制，前、后加檐是忽必烈的皇后改进后的结果，目的是避免日光直接照射。

在发式上，契丹、女真、蒙古族在装扮上最显著的特征是“削发左衽”。契丹男子头顶髡发而在两旁或前额垂散发；女真男子两旁垂辫发。这些发式在壁画中留下了丰富的形象资料。元朝蒙古族平民男子多结发作环垂耳后，有连作三四环的；贵族和妇女反而椎髻。后来男子的发式简化为桃子式的撮发，被称为“婆焦”，上自成吉思汗、下至平民百姓“皆剃婆焦”。

辽、金、元三代，都是以少数民族为主的民族政权，契丹人、女真人、蒙古人原来都是生活在中国北部地区的游牧民族，他们之于汉文化的影响如同成吉思汗的西征一样具有两重性：一方面他们对所到之处造成了一定程度的破坏；另一方面，又起到了开辟交通和促进文化交流的积极作用。其服饰文化虽以本民族服饰为主，但明显融入了汉民族的元素，这是他们同汉族之间在经济上、文化上交流的必然反映。

图 1–6–1 契丹女装，作者：任夷。图中人物头戴“爪拉帽”，额上扎狭窄的帛巾，着左衽窄袖袍、上绣全枝花。

1. 契丹服饰（辽）

契丹族规定，除了有一定官职身份的人可戴巾子外，即使身为富人，也只能髡发露顶。

契丹族髡发，一般是将头顶部分的头发全部剃光，只在两鬓或前额部分留少量余发作为装饰，有的在额前蓄留一排短发；有的在耳边披散着鬓发；也有将左右两绺头发修剪成各种形状，然后下垂至肩（见图 1–6–2、1–6–3）。服装以长袍为主，一般都是左衽、圆领、窄袖，男女皆然，上下同制。袍服上有疙瘩式纽襻，袍带于胸前系结，然后下垂至膝。长袍的颜色比较灰暗，有灰绿、灰蓝、赭黄、黑绿等几种，服饰纹样也比较朴素。贵族阶层的长袍，大多比较精致，通体平绣花纹。龙纹是汉族的传统纹样，亦出现在契丹族男子的服饰上，反映了民族间的相互影响。妇女喜穿黑紫围裙，上绣以全枝花。上衣左衽，长裙前拂地，后面比前面长（见图 1–6–1—1–6–10）。

图 1–6–3 契丹男装，作者：任夷。

图 1–6–2 画面中四男为秃发者，另两人为戴“爪拉帽”并在额上扎道狭窄的帛巾者。《出行图》壁画，内蒙古库伦 2 号辽墓。

图 1-6-4 契丹人，壁画，内蒙古昭乌达盟敖汉旗北三家村 1 号辽墓。

图 1-6-5 图中男子秃发，只留额前左右一绺头发在耳后，着小袖紧身圆领袍衫，腰间系带，着裤，穿长靴。《驭者》，壁画，内蒙古库伦 7 号辽墓。

图 1-6-6 图中人物前额续留一排短发，将左右两绺头发散披于两耳旁。壁画，内蒙古巴林右旗辽庆东陵，契丹侍卫像。

图 1-6-7 秃发、留头颅四围短发、将短发散披于两耳旁的契丹老者。壁画，内蒙古巴林右旗辽庆东陵。

图 1-6-8 侍者，壁画，内蒙古扎鲁特旗浩特花 1 号墓。

图 1-6-9 图中有三位秃发者。壁画，河北宣化 6 号辽墓。

图 1-6-10 左一为秃发者。河北宣化辽张世古墓。

2. 女真服饰（金）

金代盛行火葬制度，也正是由于这个原因致使金代服饰实物遗存不多。从文献资料看，金代服饰和辽代服饰有许多相似的地方，其特别之处在于男女发型不同。女真妇女辫发盘髻；男子髡发，两旁散发扎辫垂肩。族中老年妇女喜欢用皂纱笼髻，散缀玉钿于其上，称为“玉逍遥”（可能是早期北方妇女步摇冠的遗俗）。由于北方寒冷，服装多以皮制。

图 1–6–11 女真族女装，作者：任夷。辫发盘髻或裹头巾，贵贱以布料的粗细为别。服装款式多沿袭辽制，年轻妇女上穿黑、紫或绀色的袍衫（时称“团衫”），左衽，下穿黑紫色襜裙，上绣几何花纹，并有六道折裥，腰间用红、黄色巾带系扎，两端垂于足下。

男子的常服通常由四个部分组成，即头裹皂罗巾、身穿盘领衣、腰系吐骼带、脚蹬乌皮靴。其服饰色彩多倾向于用与其所在的自然环境类似的颜色，这可能与女真族的生活和生产方式有关。他们以狩猎为生，狩猎时服装颜色与环境接近，可以起到隐蔽与保护的作用。其服色冬天多喜用白色，春衣上则锈以“鹘捕鹅”“杂花卉”“熊鹿山林”等动、植物纹样，同样有麻痹猎物、保护自己的作用。《金史·舆服志》中就有女真族服饰“以熊鹿山林为文”的记载。鹿的图案大量被采用，除其本身的外形较为优美，便于用作装饰外，还有一个原因，即鹿与汉字的“禄”同音，富有吉祥的含意（见图 1–6–11—1–6–15）。

图 1–6–12 女真族男装，作者：任夷。男子发式辫发垂肩，戴金耳环，颅后留发，系丝带。男服盘领衣，腰系吐骼带，脚着尖头乌皮靴。其服多为白色，窄袖，缝腋。

图 1-6-13 捣练图，壁画，河北井陉柿庄 6 号金墓。

图 1-6-14 侍女图，壁画，河南登封王村金墓。

图 1-6-15 侍女图，壁画，河南登封王村金墓。

3. 蒙古服饰（元）

元、金之时，虽然男子同属辫发一类，但辫发的样式并不一样。孟珙《蒙鞑备录》描述了蒙古族男子的发式："上至成吉思汗，下及国人，皆剃'婆焦'，如中国小儿留三搭头，在囟门者稍长则剪之，在两旁者总小角垂于肩上。"综合各种记载，并参照形象资料，基本上可以了解这种发式的编制方法：先在头顶正中交叉剃开两道直线，然后将脑后部分头发全部剃去，正面发束或者剃去，或者加工修剪成各种形状，任其自然覆盖于额间，再将左右两侧头发编成辫子，结环下垂至肩。蒙古族男子，戴一种用藤篾做的"瓦楞帽"，瓦楞帽有方圆两种样式，顶上装饰有珠宝，也有戴大笠帽的（见图 1-6-16）。

图 1-6-16 剃"三搭头"（左一）、着辫线袄子（左二）、带罟罟冠（左三）的元代男子。《堂中对坐图》，壁画，至元六年（1269 年），山西浦城洞耳村元墓。

辫线袄子

辫线袄子为蒙古族男服，其特点为圆领、紧袖、下摆宽大、折有密裥，另在腰部缝以辫线制成的宽阔围腰，有的还钉有纽扣，也被称为“腰线袄子”。辫线袄子产生于金代，大规模使用则在元代，最初可能是身份低卑的侍从和仪卫的服饰，后来穿辫线袄子已不限于仪卫，尤其是在元朝后期。一般番邦侍臣、官吏大多穿此服。这种服饰一直沿袭到明代，不仅没有随着大规模的服制变易而被淘汰，反而成了上层官吏的装束，连皇帝、大臣都穿着（见图1-6-17—1-6-21）。

图 1-6-17 男子着辫线袄子，妇女着半臂襦裙，为元代典型服饰。墓主人对坐图，壁画，内蒙古赤峰元宝山元墓。

图 1-6-18 蒙古族男子，作者：任夷。

图 1-6-19 身着团衫的蒙古族贵妇，作者：任夷。袍式团衫宽大而长，大袖，袖口处则较窄，衫长曳地，行走时需要两女奴拽之。

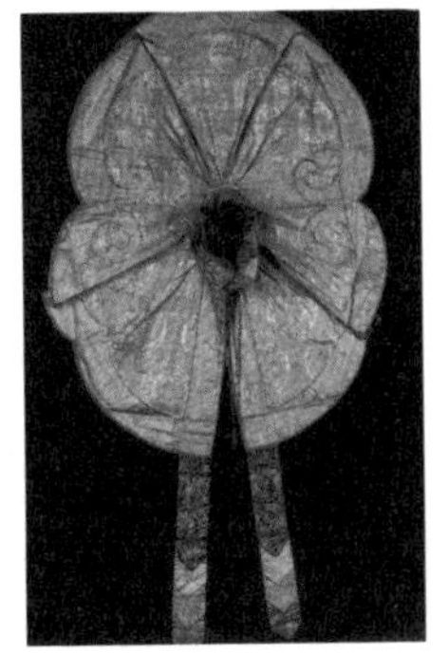

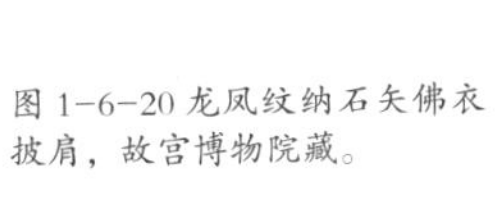

图 1-6-20 龙凤纹纳石矢佛衣披肩，故宫博物院藏。

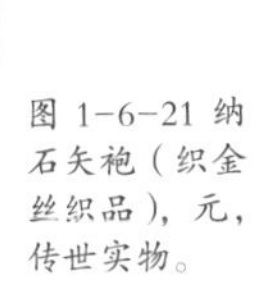

图 1-6-21 纳石矢袍（织金丝织品），元，传世实物。

4. 辽金元最具代表性的服饰结构与工艺图

绘制：张夏怡
指导老师：任夷

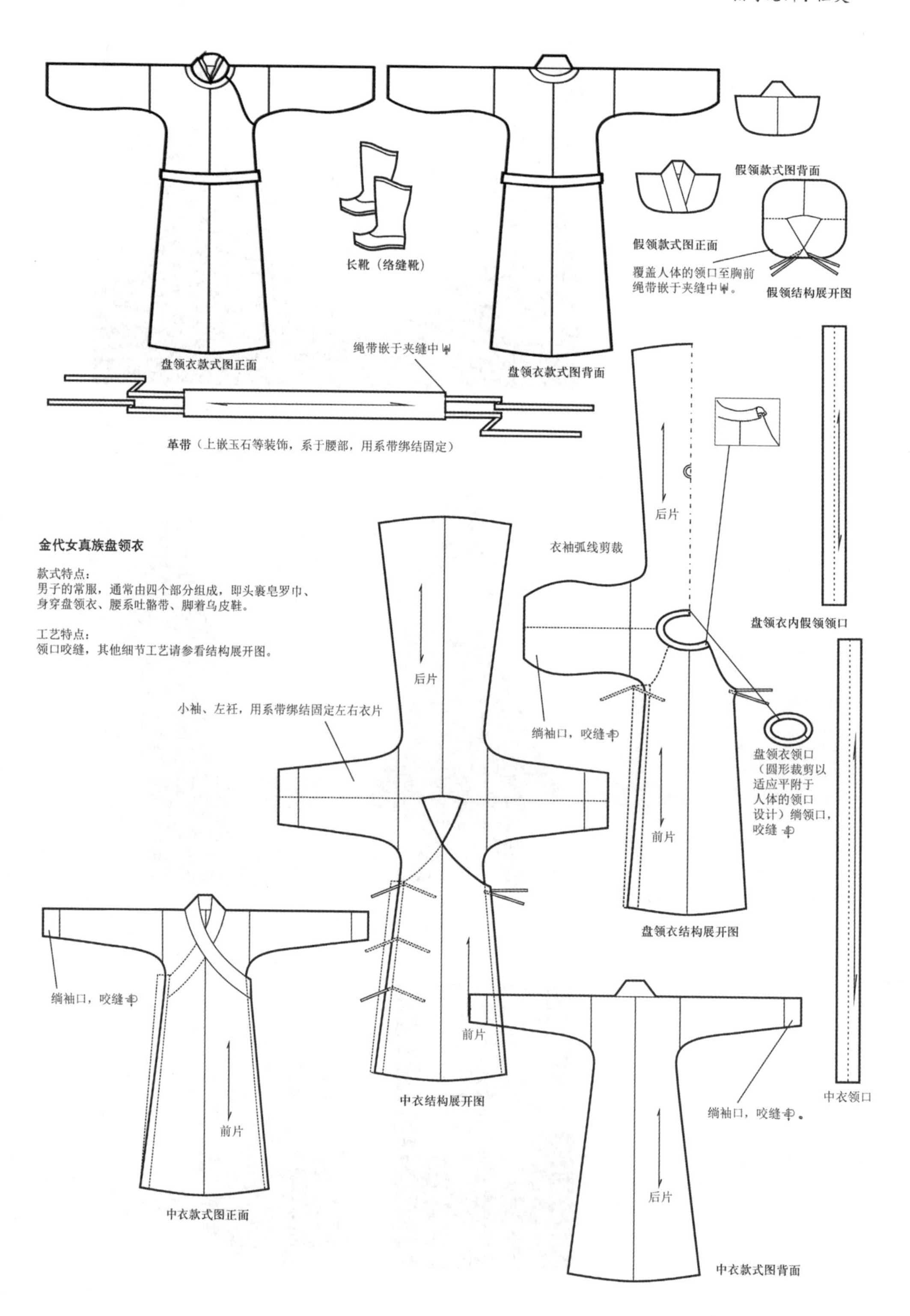

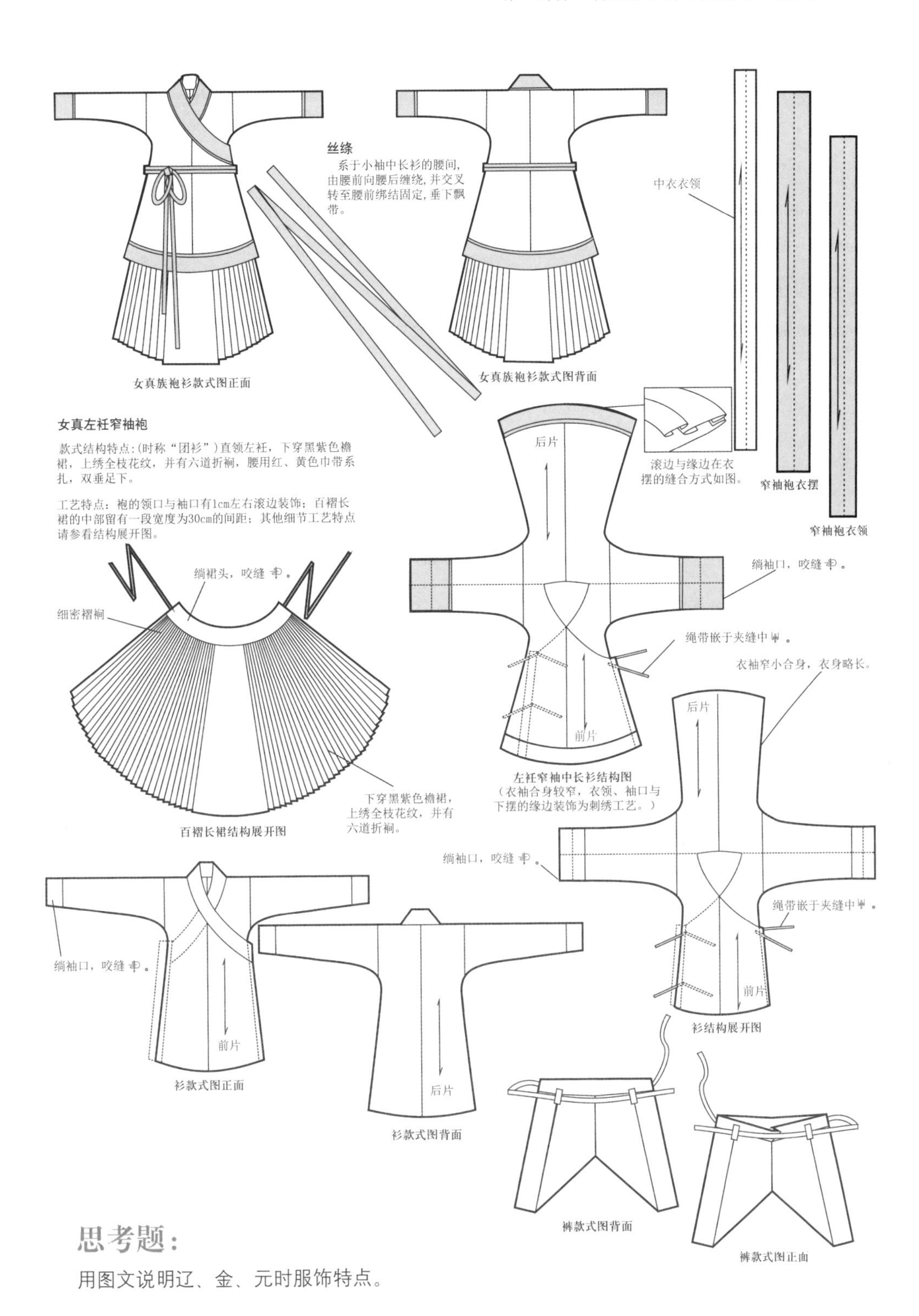

女真左衽窄袖袍

款式结构特点：(时称“团衫”)直领左衽，下穿黑紫色襜裙，上绣全枝花纹，并有六道折裥，腰用红、黄色巾带系扎，双垂足下。

工艺特点：袍的领口与袖口有1cm左右滚边装饰；百褶长裙的中部留有一段宽度为30cm的间距；其他细节工艺特点请参看结构展开图。

思考题：

用图文说明辽、金、元时服饰特点。

第七章

明朝服饰

16世纪，西欧孕育于封建制度母体之中的资本主义生产关系日趋成熟，文艺复兴运动勃然兴起，在文学、艺术、哲学、自然科学各个领域冲破宗教神学的桎梏，放射出资产阶级早期文化的光彩。此时，中国的农民起义军已经推翻了元蒙统治，明太祖朱元璋于公元1368年建立了新的王朝——明朝（公元1368年—公元1644年），然而社会生活却仍然在封建专制主义的轨道上缓缓运行。中国传统的观念一直有“天朝”和“中央”的感觉，到了唐朝后期这种感觉开始有些动摇。经由对外的作战以及和亲政策的实施，唐朝已深感原属边缘的外蕃人以他们的骁勇善战构成了对中原汉族人的威胁。从北宋起，掌权者渐渐开始改变唐代以来的一贯自信。

明朝初期，郑和率领庞大舰队七下西洋，历时28年，访问30余国，“宁波通日本，全州通流球，广州通占城、暹罗、西洋诸国”，在中外文化交流史上写下了光辉的一页。然而，“中国”已经进入世界的一只脚又缩了回来。[1] 同欧洲相比较，此时的中国已从引领世界文明潮流逐渐转入停滞不前。面对外界的变化与进步以及周边民族政权的威胁，明朝关上了文明的大门，高筑壁垒，固守传统。

明朝从蒙古贵族手中夺取政权后，对整顿和恢复礼仪非常重视。强烈的民

[1] 葛兆光：《中国思想史》第二卷，复旦大学出版社，第330页。

族意识致使周、汉、唐、宋服饰制度成为明朝模仿的对象。随着工商业人口的不断增加，许多新型工业城市逐渐形成，纺织业的发展尤为突出，给服饰文化的发展注入了新的活力。服饰恢复了传统色彩，以袍衫为主要形制，冠冕衣裳也自然地承接了古制。

在明朝，大凡皇后、皇妃、命妇皆有冠服，一般为红色大袖衫、深青色褙子、彩绣帔子或霞帔、珠玉金凤冠、金绣花纹履。燕居命妇与平民女子的服饰主要有衫、袄、帔子、褙子、比甲、裙子，其中以水田衣或百家衣最有特色。明朝早期，服饰较俭朴；中、晚期以后，随着经济起飞，女子的装束打扮也因生活条件的改善而改变。明朝妇女发髻的样式主要有牡丹头、钵盂头，而松鬓扁髻的时尚则延续至清初。其头饰以鲜花绕髻、戴头箍为尚。此外，妇女大多缠足，穿弓鞋。

男子的衣服与女子一样，废弃了元朝服饰，恢复了巾帽袍衫的汉俗，唐宋传统构成了明朝衣冠的基本风貌。与其他朝代一样，不同的社会阶层有不同的服饰形制。男子官员头戴乌纱帽，身穿盘领袍衫，前胸承唐宋遗制缀有补子（上绣禽、兽纹样），着皂革靴；士人儒者则着斜领大襟宽袖衫（宽边直身）；其他男服有袍、裙、短衣、罩甲等。网巾用以束发，表示男子成年；“四方平定巾”为职官儒士首服；瓜皮帽为市民日常所戴，并一直延续至民国。

此时，社会已进入封建社会后期，社会意识趋向封建专制，社会时尚趋向于繁丽华美、粉饰太平，因此“吉祥纹样”大为盛行，如五福（蝠）拜寿、喜（喜鹊）上眉（梅花）梢、岁寒三友（松、竹、梅）、富（芙蓉）贵（桂花）万年等，它们或寄予寓意，或取其谐音，以此来寄托美好的愿望和抒发自己的感情。无论官服中的补子，还是女装中的凤冠霞帔，都充分展现了一千多年来的传统意识，此时纹样的装饰已不在于纹样形态如何，而在于图形所传递的文化内涵，即强调“文”而不是“纹”。

明朝是我国服饰历史上又一个辉煌时期，它是自传统的汉族服饰形态——“褒衣博带、宽袍大袖”的冠服形制形成以来，服饰语言最简洁、样态最成熟、形式最完美的时期。

1. 品官服饰

(1) 皇帝常服

明朝从蒙古贵族手中夺取政权后，对礼仪的整顿和恢复非常重视。从服饰制度上说，明朝一方面废弃了元朝的服制，另一方面将服饰制度作了重新规定。首先确定的是皇帝的礼服。明太祖认为古代五冕之礼太繁，所以规定除祭天地、宗庙冕服外，其余场所都不服用，后来延伸至册立、登极、正旦、冬至等大典。冕服仅皇帝、皇太子、亲王、郡王服用，公侯及以下品官都不用。

皇帝常服为黄色盘领窄袖绣龙袍、束革带（用金玉琥珀等装饰）、着靴。服装材料为黄色锦缎，袍的前后及两肩各有金织的盘龙纹样、翟纹及十二章纹；头戴乌纱折上巾，其样式与乌纱帽基本相同，唯独左右二角折之向上，竖于纱帽之后，又称翼善冠（见图 1-7-1—1-7-4）。

图 1-7-2 展示了明代皇帝的龙袍，服装纹饰的主体为团龙，每一团龙的两侧分别饰有吉祥图案，自成一个完整的纹饰。龙之外，余下的十一章纹，日、

图 1-7-1 戴乌纱折上巾，穿盘领窄袖龙袍的皇帝，作者：任熊。

图 1-7-2 戴翼善冠、穿龙袍的明朝皇帝。

图 1-7-3 明皇帝金翼善冠。

图 1-7-4 乌纱折上巾，明朝洪武二十二年，1971 年山东邹城明鲁王朱檀墓出土，山东博物馆收藏。

月饰于左、右肩部；星（五色）平列于后肩部；山饰于后背部；华虫（雉鸡）饰于两袖上部；宗彝（画有一虎一蜼的祭祀礼器）、藻、火、粉米（白米）、黼（斧形）、黻分别饰于前襟和后背的上、中、下三团龙的两侧，左右对称。十二章纹包含了至善至美的帝德，象征皇帝是大地的主宰。除十二章纹外，还有“萬”字、“寿”字、蝙蝠和如意云纹遍布全身，寓意皇帝“万寿洪福”。

图 1-7-3 所示的翼善冠又叫“折角向上巾”，为明朝皇帝日常朝视时所戴。“翼善”是对帝德的一种期许和褒扬。以金丝编成的冠帽，孔眼匀称，制作非常精细。冠形由“前屋”和“后山”两部分组成。“后山”之前有金制二龙戏珠饰件，“后山”和“前屋”的交界处以金制的镂空束带为装饰，多处镶嵌珍珠、

图 1-7-5 龙纹青铜器，商。

图 1-7-6 龙纹青铜器，商。

图 1-7-7 龙纹青铜器，商。

图 1–7–8 龙纹青铜，战国。

图 1–7–9 龙凤玉璧，战国，洛阳博物馆藏。

图 1–7–10 镂空龙凤合体纹玉佩，战国晚期，1977 年安徽省长丰县杨公乡墓葬出土。

图 1–7–11 镂空龙凤套环玉，西汉早期，南越王墓博物馆藏。

图 1–7–12 龙形环玉，西汉晚期，河北省文物研究所藏。

宝石。冠后圆翅状的折角以金片卷制边沿，覆黑色细纱。折角插在倒“八”字形的筒式插座中，插座上饰有升龙、三山图案及“万”“寿”两字。乌纱翼善冠既寓意丰富又极尽华丽。

从图 1–7–2 所示的服饰上龙的图案看，龙纹造型从上古发展到明代，经历了无数次的变化，逐渐从抽象形态演变为具象形态（见图 1–7–5—1–7–16）。先秦的龙纹形象比较质朴粗犷，大部分没有肢爪，近似爬虫类动物。秦汉时期的

图 1-7-13 盘龙铜镜，寓意吉祥辟邪。唐，中国国家博物馆藏。

图 1-7-14 降龙纹刺绣，清。

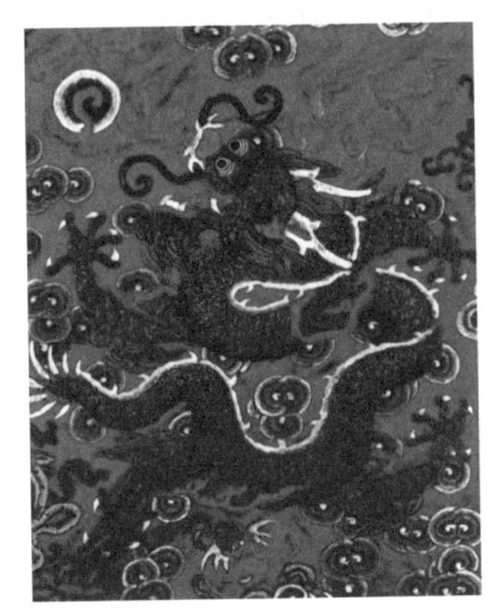

图 1-7-15 立龙纹刺绣，清。

图 1-7-16 蟒纹刺绣，清。

龙纹多呈兽形，肢爪齐全，但无鳞甲，常绘成行走状，给人以虚无缥缈的感觉。明代的龙纹形象更加完善，集中了各种动物的局部特征：头如牛，身如蛇，角如鹿，眼如虾，鼻如狮，嘴如驴，耳如猫，爪如鹰，尾如鱼，等等。其在图案的构造和组织上也很有特色，除传统的行龙、云龙之外，还有团龙、正龙、坐龙、升龙、降龙等各种样态。

(2) 官吏公服

明朝官吏公服为头戴直角幞头，身着袍服，腰系革带，袍服形制为盘领右衽，袖宽三尺，袍服所用的纹样及颜色因级别而异：一至四品用绯袍；五至七品用青袍；八品以下及未入流杂职官用绿袍。袍的花纹亦分品级，一品用大朵花，径五寸；二品用小朵花，径三寸；三品用散花，无枝叶，径二寸；四品、五品用小朵花，径一寸五分；六品、七品用小朵花，径一寸；八品以下无花纹，多用于朔望朝时（见图 1-7-17、1-7-18）。

图 1-7-17 赤色罗朝服，明，山东博物馆收藏。

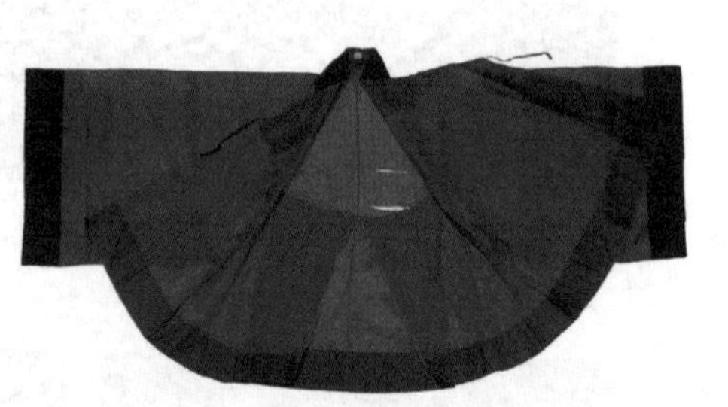

图 1-7-18 赤色罗朝服，明，山东博物馆收藏。

图 1-7-19 明，官吏常服，作者：任夷。

(3) 官吏常服

明建国后，朝廷对官吏常服作了新的规定，凡常朝视事用乌纱帽，团领衫束带，凡文武官员，不论级别，都必须在袍服的胸前和背后，缀以一方补子。文官用禽，武官用兽，以示区别。据《明会典》记载，洪武二十四年（1391 年）规定了补子图案的具体用法：公、侯、驸马、伯用麒麟、白泽；文官绣禽，以示文明，一品仙鹤，二品锦鸡，三品孔雀，四品云雁，五品白鹇，六品鹭鸶，七品鸂鶒，八品

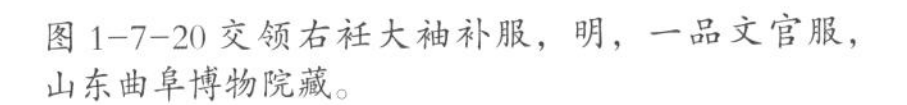

图 1-7-20 交领右衽大袖补服，明，一品文官服，山东曲阜博物院藏。

图 1-7-21 交领大袖花缎绣过肩蟒袍，明，江苏苏州出土。

黄鹂，九品鹌鹑；武官绣兽，以示威猛，一品与二品狮子，三品与四品虎豹，五品熊罴，六品与七品彪，八品犀牛，九品海马；杂职绣练鹊；风宪官绣獬豸。这是明朝官服中最有特色的装束，腰间悬有牙牌及穗条，用以代替唐、宋时期的鱼袋（官员的凭证）（见图 1-7-19—1-7-21）。

明朝的革带，外面裹以红或青绫，其上缀以犀、玉、金、银角等来区别等级身份，据《明会要》记载：一品玉带，二品花犀带，三品金钑（用金银在器物上镶嵌花纹）花带，四品素金带，五品银钑花带，六、七品银素带，八品、九品乌角带。且都用红鞓，进士则用青鞓。明朝的革带，多束而不着腰，在圆领的两肋下各有细纽惯垂于腰带上以悬之，用材质区别等级。

明朝文武官员服饰主要有朝服、祭服、公服、常服、赐服等。麒麟袍是官服中最为常见的一种样式（见图 1-7-22）。根据文献记载，此袍原本是红色，出土时因氧化作用，色彩褪去。这种服装特点是大襟、斜领、袖子宽松，前襟的腰际横有一襕，襕下

图 1-7-22 麒麟袍（局部）。

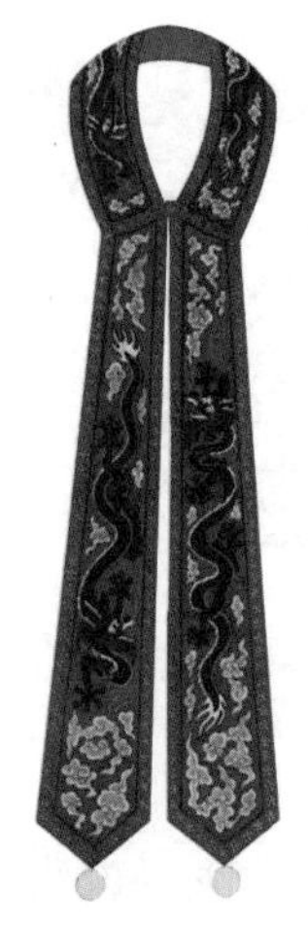

图 1-7-23 霞帔。

打满折裥。所绣纹样除胸前、后背两组之外，还分布在肩袖的上端及腰下（一横条）。另在左右肋下，各缝一条本色制成的宽边，当时称“摆”。这种服装所采用的面料质地和服饰纹样，按照制度都有一定的规定。《明史·舆服制》载，正德十三年，“赐群臣大红纻丝罗纱各一。其服色，一品斗牛，二品飞鱼，三品蟒，四、五品麒麟，六、七品虎、彪；翰林科道不限品级皆与焉；惟部曹五品下不与”。

2. 妇女服饰

妇女的服装主要有衫、袄、霞帔、褙子、比甲及裙子等。衣服的基本样式大多仿自唐、宋，一般都为右衽，恢复了汉族的习俗。凡命妇所穿的服装都有严格的规定，大体分礼服及常服。明朝命妇的礼服，在承汉、唐、宋制的基础上有少许变化（见图 1-7-23—1-7-27）。

图 1-7-24 明朝戴凤冠、着霞帔的命妇。

图 1-7-25 皇后常服，作者：任夷。皇后的冠服主要有两种：一是礼服，一是常服。礼服由凤冠、霞帔、翟衣、褙子及大袖衫等组成。其中凤冠上饰有九龙四凤，龙以翠制，凤以金制。皇后的常服按规定也是凤冠霞帔，但相对于正式场合会简单些。

图 1-7-26《对镜仕女图》，明，陈洪绶。

(1)大袖衫

据资料载，明朝大袖衫的形制为：领阔三寸，两领直下一尺间缀纽子三个。前身长四尺一寸二，后身长五尺一寸，内九寸八分，行则摺起，末缀纽子二。纽在掩纽之下，拜时则放之。袖长三尺二寸二分，根阔一尺，口阔三尺五分，落摺一尺一寸五分。掩纽二，就用衫料，连尖长二寸七分，阔二寸五分，各于领下一尺六寸九分处缀之。于掩下各缀一纽门，以纽住摺起后身之余者。

兜子亦用衫料两块，斜裁，上尖下平，连尖长一尺六寸三分，每块下平处各阔一尺五分，缝合于领下一尺七分处缀之，上缀尖皆缝合以藏霞帔后垂的末端。

(2)凤冠

凤冠是一种以金属丝网为胎，上点缀翠凤凰，并挂有珠宝流苏的礼冠。早在秦汉时期，凤冠就已成为太后、皇太后、皇后的规定服饰。明朝凤冠有两种形式：一种是后妃所戴，冠上除缀有凤凰外，还有龙、朱滴、宝钿、三博鬓、朱牌等装饰；另一种是普通命妇所戴的彩冠，上面不缀龙凤，仅缀珠翟、花钗，但习惯上也称为凤冠（见图 1–7–27）。

图 1–7–27 凤冠，明，北京昌平定陵出土。

(3)霞帔、褙子

“霞帔是一种帔子，它的形状像两条彩练，绕过头颈，披挂在胸前，下垂一颗金玉坠子。霞帔各长五尺七寸，阔三寸二分。所饰禽绣多寡，随品级用，至尊者前四后三各绣之，末端左右取尖长二寸七分，前后分垂，横缀青罗襻子牵连而并之。前垂三尺三寸五分，尖缀坠子一（坠子亦有金、镀金、银之别，所镶花禽纹如霞帔的纹饰），后垂二尺二寸五分，末端插于兜子内藏之。”[2] 霞

[2] 周锡宝：《中国古代服饰》，中国戏剧出版社，1984 年，第 415 页。

帔早在南北朝时期就已出现，隋唐以后，人们常赞美这种服饰美如彩霞，所以有了霞帔的名称。白居易《霓裳羽衣舞歌》中就有“虹裳霞帔步摇冠”的描写。到了宋代，已正式将它用作礼服，并随着品级的高低，刺绣不同的纹样。入明后，霞帔与褙子的搭配更是被纳入服制规定：一品、二品夫人的霞帔、褙子用云霞翟纹；三品、四品夫人的霞帔、褙子用云霞孔雀纹；五品夫人的霞帔、褙子用云霞鸳鸯纹；六品、七品夫人的霞帔、褙子用云霞练鹊纹；八品、九品夫人的霞帔用缠枝花，褙子绣摘枝团花。

褙子为对襟，左右两侧开衩，其款式、色彩都有严格的等级规定。居家常着窄袖褙子，大袖褙子则为庶民礼服。乐妓只能穿黑色褙子，教坊司妇人不能穿褙子（见图 1-7-28—1-7-29）。

图 1-7-28 着褙子的妇女，作者：任夷。明代妇女服饰的主要特点为瘦窄、修长。头梳高椎髻，饰以各种珠宝、簪银、步摇，身穿大袖衫，外罩小袖褙子，下穿长裙，足着绣饰花纹的尖头小履。此种款式多为命妇、贵妇和仕女常服。

图 1-7-29 图中仕女穿窄袖褙子，头上都簪有鲜花，人物的神情动态虽然各不相同，但所穿服装基本一致，都是上着窄袖褙子，下着曳地长裙。这种装扮在明代宫室及贵族中比较流行。《孟蜀宫伎图》，明，唐寅。

(4) 比甲

比甲是一种无袖、无领的对襟马甲，其样式较后来的马甲要长，左右两侧开衩。隋唐时期的半臂与比甲有着一定的渊源关系。明朝比甲大多为年轻妇女所穿，而且多流行在士庶妻女及奴婢之间。也有说比甲形成于元代，初为皇帝所服，后才普及于民间，转而成为一般妇女的服饰，如《元史》云："又制一衣，前有裳无衽，后长倍于前，亦去领袖，缀以两襻，名曰'比甲'，以便弓马，时皆仿之。"从形象资料来看，元代妇女着比甲的不多，直到明代中叶，才形成一种风气（见图 1-7-30）。

图 1-7-30 着比甲的女子，作者：任夷。

(5) 襦裙

上襦下裙的服装形式沿承前代，在明朝妇女服饰中仍占一定比例。上襦为交领、长袖短衣。裙幅初为六幅，唐代李群玉有诗："裙拖六幅潇湘水"；后用八幅，腰间有很多细褶，行动辄如水纹。到了明末，裙

图 1-7-32 饰花钿、着襦裙、披帛者。《宫中图卷》局部，明，杜堇。

图 1-7-33 着交领儒、裙、披帛，腰系围裳、丝绦，挂玉环绶的仕女。《千秋绝艳图卷》局部，明，佚名。

图 1-7-31 士庶女子服饰，作者：任夷。图中女子梳高髻，着襦裙，外套交领半臂，腰裙，披帛，下穿瘦长裙，腰束带、佩玉、宫绦。

图 1-7-34《千秋绝艳图卷》局部，明，佚名。

图 1-7-35《千秋绝艳图卷》局部，明，佚名。

图 1-7-36《千秋绝艳图卷》局部，明，佚名。

图 1-7-37《千秋绝艳图卷》局部，明，佚名。

图 1-7-38《千秋绝艳图卷》局部，明，佚名。

图 1-7-39《千秋绝艳图卷》局部，明，佚名。

子的装饰日益讲究，裙幅也增至十幅，腰间的褶裥越来越密，每褶都有一种颜色，微风吹来，色如月华，故称“月华裙”。腰带上往往挂上一根以丝带编成的宫绦，宫绦的具体形象及使用方法如图 1-7-31—1-7-39 所示：一般在中间打几个环结，然后下垂至地；有的还在中间串上一块玉佩，借以压裙幅，使其不至散开而影响美观，其作用与宋代的玉环绶相似。裙子的颜色尚浅淡，虽有纹饰，但并不明显。至崇祯初年，裙子多为素白，即使刺绣纹样，也仅在裙幅下边一两寸部位缀以一条花边，作为压脚。

(6) 水田衣

水田衣是一般妇女的服饰，以各色零碎布料拼合缝制而成，形似僧人所穿的袈裟，因整件服装面料的花色形成互相交错的形态，有如乡间水田而得名。水田衣简单而别致，风味独具，与戏台上的百衲衣（又称富贵衣、百家衣）十分相似（见图 1–7–40）。

图 1–7–40 着水田衣的妇女，作者：任夷。

(7) 发式

明朝发式很有特色。明初女子发髻基本为宋元时的样式，嘉靖以后，变化较多，主要发式有桃心髻、桃尖顶髻、鹅胆心髻、堕马髻、金玉梅花髻、金绞丝灯笼簪，等等。另有假髻（又称鬏髻），为明朝妇女所常用，丰富了发饰的样式。这种假髻一般用铁丝织圜，外编以发，做成一种固定的装饰物，当时称为“鼓”。鼓比原来的发髻大概要高出一半，罩在发髻上，以簪绾住头发。假髻的式样有罗汉鬏、懒梳头、双飞燕、到枕松等各种不同名目，并在一些首饰店铺有售。直到清初，假髻仍受到妇女们喜好（见图 1–7–41—1–7–44）。

图 1–7–41《孟蜀宫伎图》局部，明，唐寅。

图 1–7–42《千秋绝艳图卷》局部，明，佚名。

图 1-7-43《夔龙补衮图》，明，陈洪绶。画面共三个仕女，其一为梳假髻、簪珠翠发饰，着半臂襦裙，腰裙系丝绦、挂玉环宫绦、蔽膝的贵妇；另两位为披云肩、挂玉佩的侍女，其中一人手中托着一件衮服。三位妇女的服装样式基本一致，都是宋明时期的典型装束。明朝妇女在腰带上往往挂上一根以丝带编成的宫绦，宫绦的具体形象及使用方法在本图中反映得比较明确。此外，贵妇的发髻之上还插有簪钗，这些都是明朝妇女常用的饰物，其质料随人的身份而定。

1-7-44《宫中图卷》局部，明，杜堇。

3. 男子服饰

头戴乌纱帽或幞头，身穿盘领窄袖大袍是明朝男子最有代表性的服饰样式。盘领即一种加有圆形沿口的高领，这种袍服是明朝男子的主要服式，不仅官宦服用，士庶也可穿着，只是颜色有所区别。平民百姓所穿的盘领衣，必须避开玄色、紫色、绿色、柳黄、姜黄及明黄等颜色，其他颜色如蓝色、赭色等没有限制，俗称“杂色盘领衣”。

(1) 四方平定巾

据文献资料载，四方平定巾相传为士人杨维桢见太祖时戴的头巾，初制四方平直，有四方平定之意。后来方巾越做越高，有人将其形容为头上顶着一个书橱，说明它造型高大。四方平定巾主要为士人所戴（见图 1-7-45、1-7-46）。

(2) 袍衫

袍衫是明朝男子常用的便服，其制为大襟、右衽、宽袖，下长过膝。贵族男子的袍衫面料以绸缎为主，其上绘有纹样；也有用织锦缎制作的。袍衫上的

图 1-7-45 戴四方巾、穿深色缘边右衽大袖衫、腰系丝绦的士人。

图 1-7-46 戴四方巾、穿大袖衫的士人。明，曾鲸，《顾与治小像》。

纹样多寓有吉祥之意，比较常见的有团云和蝙蝠中间嵌一团型“寿”字者，意为“五蝠捧寿”。这种形式的图案在明末清初特别流行，不仅在服装上使用，在其他的器皿及建筑装饰上也时有出现。另一种为宝相花，是一种抽象的装饰图案，通常以莲花、忍冬或牡丹花为基本形象，经夸张、变形，并穿插一些枝叶和花苞，组成一种既工整端庄，又活泼奔放的装饰图案。这种服饰纹样在当时极具代表性。从唐朝开始，宝相花大量用在服饰的装饰上，到了明朝，宝相花还曾一度与蟒龙图案成为帝王后妃的专用图案。

(3) 士人服饰

士人服装多以浅色布绢为面料，交领右衽大襟、宽袖皂缘，袖长过手、衣长至脚面，穿着时腰系丝绦。

(4) 网巾

网巾是一种系束发髻的网罩，多以黑色细绳、马尾、棕丝编织而成，收结处以帛作边（见图 1–7–47）。网巾的作用除了约发以外，还是男子成年的标志，一般衬在冠帽之内，也可直接外露。网巾的流行大约始于洪武初年，其缘起据说与明太祖有关。

图 1–7–47 戴网巾的卖鱼人，作者：任夷。

4. 军戎服饰

明朝军士服饰中有一种长齐膝、窄袖、内实以棉花的袄，因其面料颜色为红色，所以又称“红胖袄”。骑士多穿对襟，以便乘马。作战所用的兜鍪多以铜铁制造，很少用皮革。将官所穿铠甲均为铜铁质地，制作精密，甲片的形状多为“山”字形。兵士则穿锁字甲，在腰部以下，还配有铁网裙、裤，足穿铁网靴（见图 1–7–48）。

图 1-7-48 图中人物着明朝军戎服饰（图片来源于《中国近代皇朝的军队》）

5. 服饰纹样

明朝服饰纹样在前代的基础上有所发展变化，表现出前代无法比拟的丰富性。明代已经进入封建社会后期，社会生活比较安详富足，人们意将心中的期盼与吉祥之寓意施于图案纹样上，或以某种物品寓其善美，或以某种物名之音谐示吉祥，因而称之为“吉祥图案”。明朝服饰纹样的审美趣味趋于世俗化，除龙纹为皇家所独有外，还有以松、竹、梅组成的寓意高洁的纹样“岁寒三友”；以松树仙鹤组成的寓意长寿的纹样“松鹤延年”；以石榴、佛手组成的寓意多子多福的纹样；以鸳鸯组成的寓意男女间爱情的纹样；以瓶子、鹌鹑组成的寓意平安的纹样；以荷花、盒子、如意组成的寓意和合如意的纹样等，它们成为这个时期的标志性纹样符号（见图 1-7-49—1-7-53）。此外，还有一些动物、植物、几何纹构成的纹样。

图 1-7-49 如意纹。

图 1-7-50 寿字纹。

图 1-7-51 麒麟瑞草纹。

图 1-7-52 宝相花纹。

图 1-7-53 吉祥纹。

6. 明朝最具代表性的服饰结构与工艺图

绘制：张素娜
指导老师：任夷

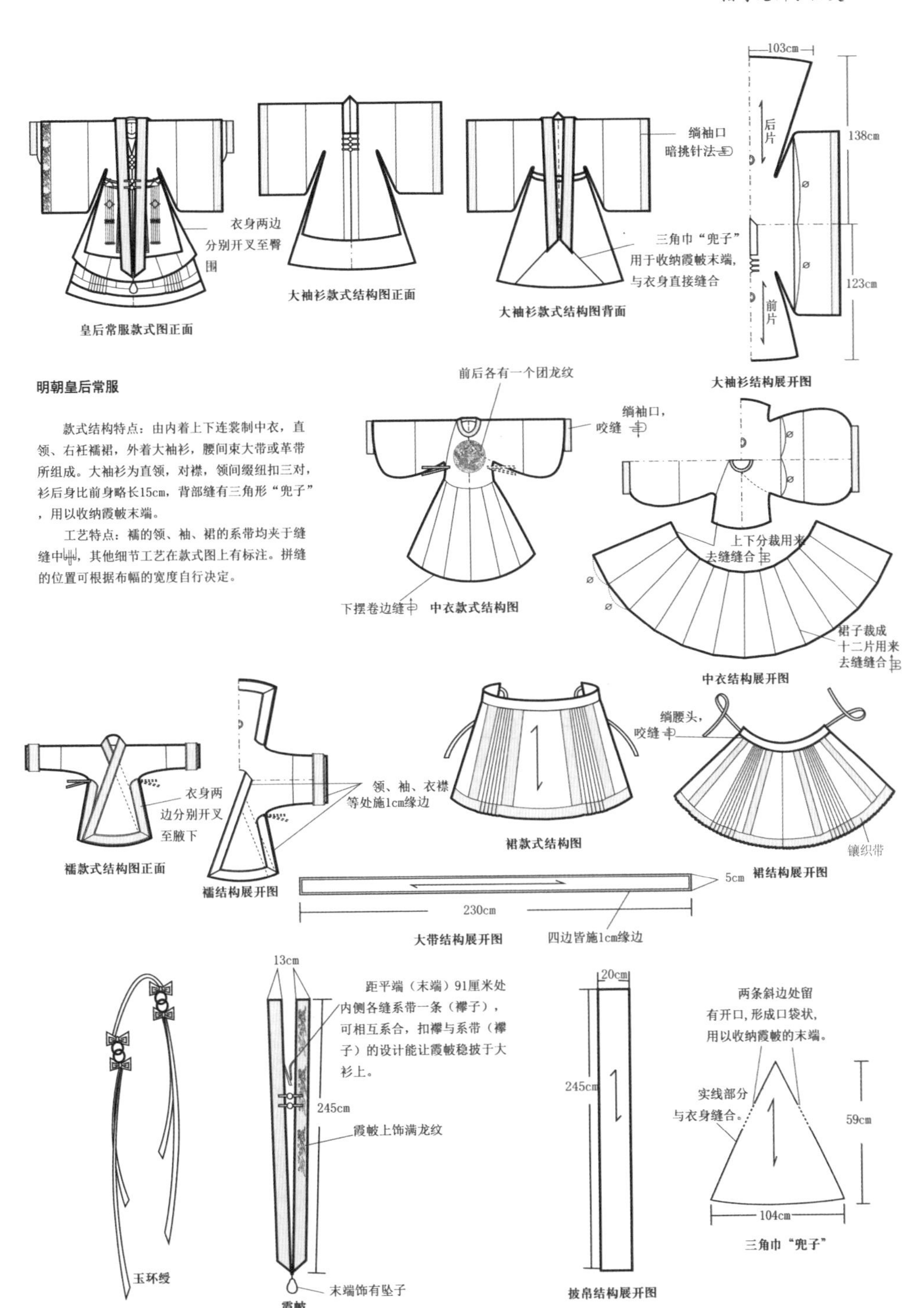

明朝皇后常服

款式结构特点：由内着上下连裳制中衣，直领、右衽襦裙，外着大袖衫，腰间束大带或革带所组成。大袖衫为直领，对襟，领间缀纽扣三对，衫后身比前身略长15cm，背部缝有三角形“兜子”，用以收纳霞帔末端。

工艺特点：襦的领、袖、裙的系带均夹于缝缝中，其他细节工艺在款式图上有标注。拼缝的位置可根据布幅的宽度自行决定。

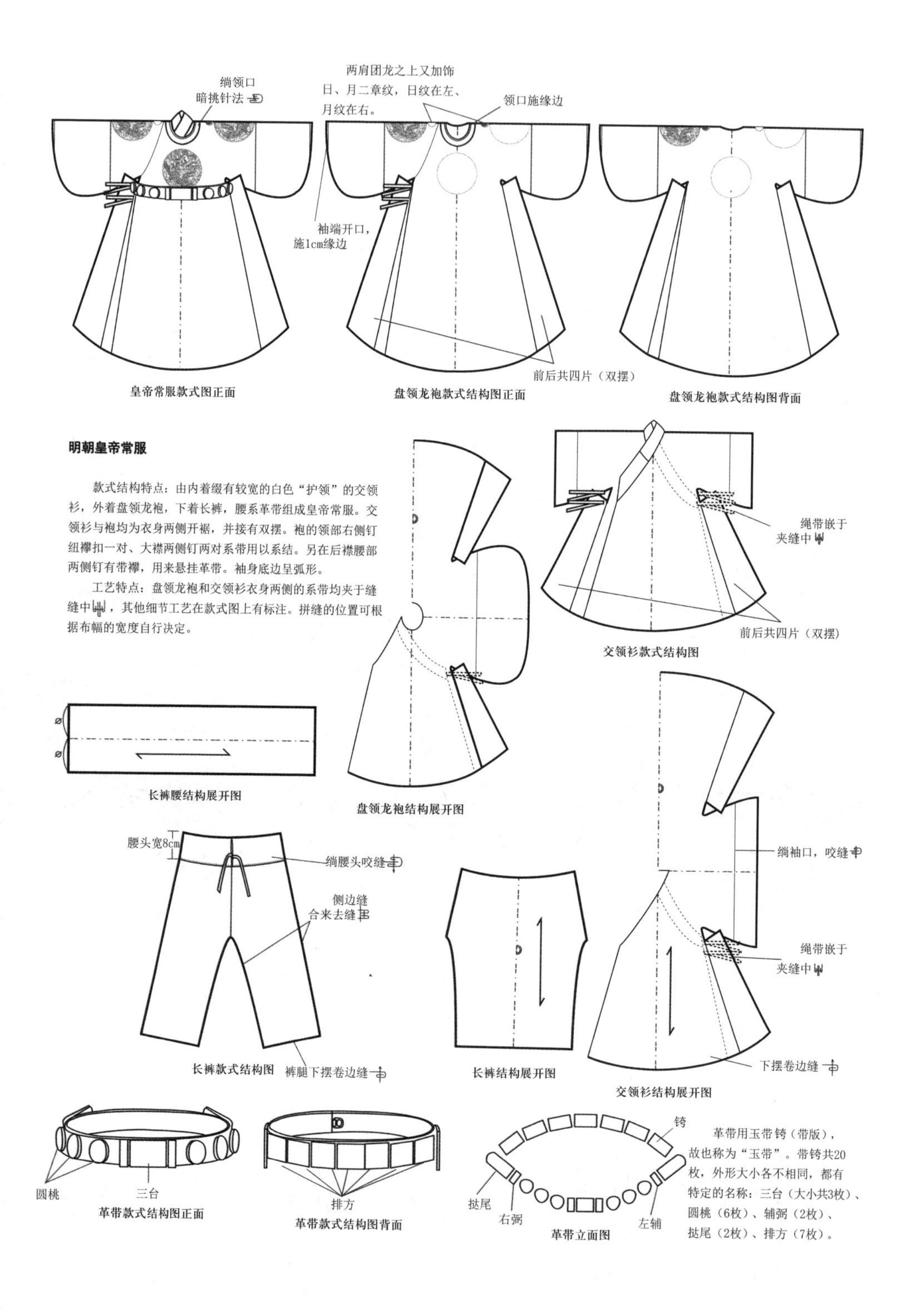

皇帝常服款式图正面　盘领龙袍款式结构图正面　盘领龙袍款式结构图背面

明朝皇帝常服

款式结构特点：由内着缀有较宽的白色“护领”的交领衫，外着盘领龙袍，下着长裤，腰系革带组成皇帝常服。交领衫与袍均为衣身两侧开裾，并接有双摆。袍的领部右侧钉纽襻扣一对、大襟两侧钉两对系带用以系结。另在后襟腰部两侧钉有带襻，用来悬挂革带。袖身底边呈弧形。

工艺特点：盘领龙袍和交领衫衣身两侧的系带均夹于缝缝中，其他细节工艺在款式图上有标注。拼缝的位置可根据布幅的宽度自行决定。

交领衫款式结构图

长裤腰结构展开图

盘领龙袍结构展开图

长裤款式结构图　长裤结构展开图　交领衫结构展开图

革带款式结构图正面　革带款式结构图背面　革带立面图

革带用玉带銙（带版），故也称为“玉带”。带銙共20枚，外形大小各不相同，都有特定的名称：三台（大小共3枚）、圆桃（6枚）、辅弼（2枚）、铊尾（2枚）、排方（7枚）。

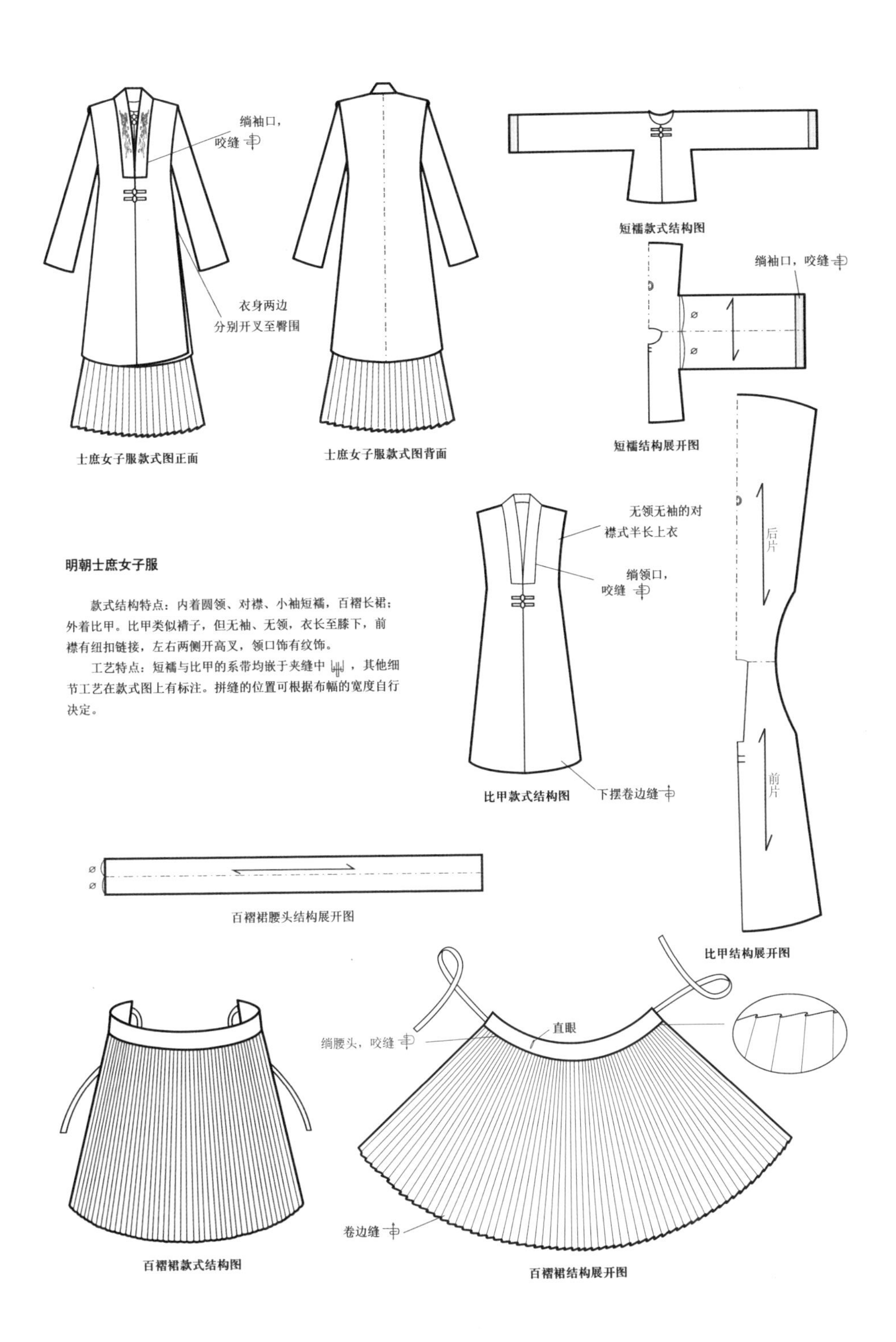

士庶女子服款式图正面

士庶女子服款式图背面

短襦款式结构图

短襦结构展开图

比甲款式结构图

比甲结构展开图

百褶裙腰头结构展开图

百褶裙款式结构图

百褶裙结构展开图

明朝士庶女子服

款式结构特点：内着圆领、对襟、小袖短襦，百褶长裙；外着比甲。比甲类似褙子，但无袖、无领，衣长至膝下，前襟有纽扣链接，左右两侧开高叉，领口饰有纹饰。

工艺特点：短襦与比甲的系带均嵌于夹缝中，其他细节工艺在款式图上有标注。拼缝的位置可根据布幅的宽度自行决定。

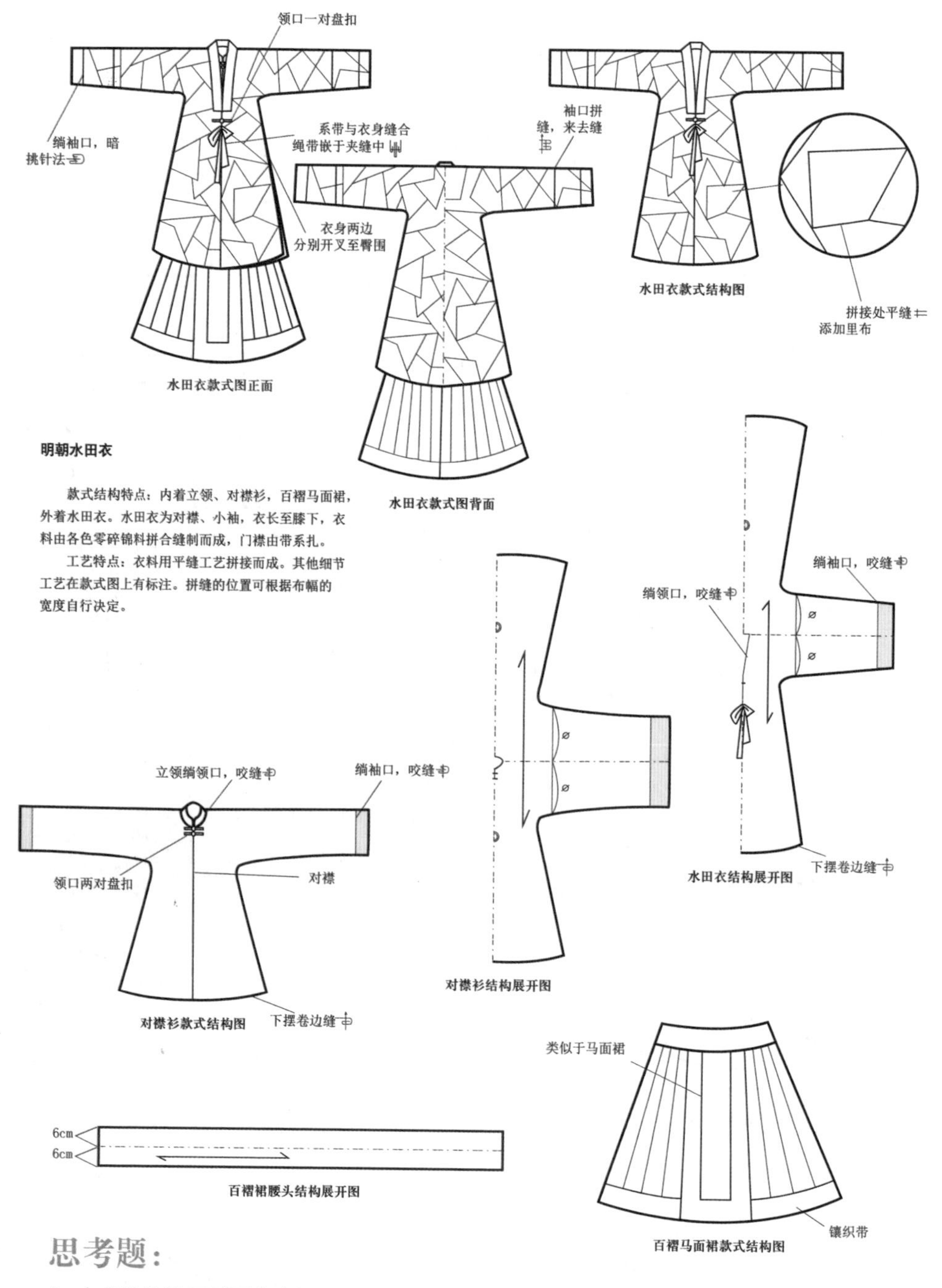

明朝水田衣

款式结构特点：内着立领、对襟衫，百褶马面裙，外着水田衣。水田衣为对襟、小袖，衣长至膝下，衣料由各色零碎锦料拼合缝制而成，门襟由带系扎。

工艺特点：衣料用平缝工艺拼接而成。其他细节工艺在款式图上有标注。拼缝的位置可根据布幅的宽度自行决定。

思考题：

1. 古代服饰发展到明代有何明显的变化？
2. 什么是补子？它具有怎样的文化意义？
3. 用图文说明“吉祥图案”的特点。

第八章

清朝服饰

公元 1644 年，女真族在东北建立了清政权，清军八旗兵随即破关入主中原。康熙是清朝（公元 1644—公元 1911）在位时间最长的一位皇帝，他总结并吸取了元朝灭亡的教训，不仅不排斥汉民族，接受汉人的文化，同时还主张汉人、满人共享政权。除推崇儒学以巩固封建统治外，对西方文化与科学技术也相当重视。据史料载，康熙、雍正、乾隆三代都是进取有为的君主，至乾隆时最为鼎盛。乾隆十五年（公元 1750 年），中国的工业产量占世界工业总产量的 32%，而全欧洲只占 23%。举世瞩目的天朝上国享受着“万国衣冠拜冕旒”的无限风光。

唐宋以来经济南移的趋势，到明清已形成江南引领全国的局面。漕粮北运，支援京师；松江棉布，衣被天下；苏州及南京的手工业特别发达，所产丝绸乃是精品中的精品。官绅富商生活日趋奢华，食具讲究精巧，衣服追求华贵，连旗人亦不例外。天津杨柳青年画中仕女所穿的鲜艳华贵的衣饰，就能反映出当时城市的生活水平（见图 1–8–1）。

苏州是清代中国最繁荣、最富裕的水乡城市之一。以画家徐扬的《盛事滋生图》（又称《姑苏繁华图》）中可见内河航运繁忙，各地物产云集，各种工商行业兴盛，还有科举考试、状元娶亲等等，是一幅生动传神的写生画（见图 1–8–2）。康乾盛世时间之长，繁华富裕程度之高，在中国历史上屈指可数。因此在清末，时任中国海关总税务司的英国人赫德曾感叹，中国有世界上最好的

图 1-8-1《十美放风筝》，天津杨柳青。画面中轻松愉快的场景，以及每人穿着不同的华美的服装，充分展现出当时安逸的生活状态。

图 1-8-2《盛世滋生图》局部，清，徐扬。

粮食——米，最好的饮料——茶，最好的衣料——丝、棉和皮毛。“虽然乾隆晚期，亦即 18 世纪后期，英国已发生工业革命，但初起步的工业文明比起已十分成熟的中国手工业，优势未显。康乾盛世外贸大幅出超，是手工业产品领先工业文明的最后辉煌时期。”[1]

满族本依靠八旗武力入关，入关后，满族生活日趋优裕，勇武风气慢慢消失。由于满族人享受着无功俸禄，因而令八旗子弟几乎成了游手好闲之辈的代名词。八旗子弟的颓废境况至乾嘉时期变得严重起来，他们游手好闲，安于享乐，就连将领也带头敷衍差事。此时的八旗兵已经腐败到毫无斗志，战斗力丧失殆尽。至乾隆退位到鸦片战争爆发前，社会已出现大规模动荡。1851 年爆发了清朝最大规模的太平天国运动；1860 年 10 月英法联军攻入北京，占领紫禁城以及郊外的圆明园；1894 年爆发中日甲午战争，一贯自诩天朝大国的大清帝国，深陷割地赔款的深渊。这种耻辱无奈的感觉和忧郁激愤的心情，刺痛了所有中国人。此后，1900 年的义和团运动，乃至 1911 年辛亥革命，最终导致清室退位。这标志着历时两千多年的封建王朝帝国体制的结束，中国历史从此走向新的阶段。

[1] 刘炜主编:《中华文明传真》第 10 册《清》，香港商务印书馆、上海辞书出版社，2001 年，第 48 页。

历史上的每一次改朝换代，当政者都会重新制定服饰制度，清政府也不例外。清初期用暴力和禁令强制人们改冠易服，致使历时数千年的宽袍大袖、拖裙盛冠的汉族服饰遭到抑制，潇洒生动、飘逸柔美的服饰景观荡然无存，取而代之的是衣袖短窄的满族旗装。然而，尽管在外观形式上摈弃了许多汉文化的传统，清朝服饰的精神实质与传统汉民族服饰文化是一脉相承的。如朝服上的十二章纹、补子、吉祥纹样以及服饰中所体现的封建等级、秩序的符号化标志等。不同的是清政府所制定的服饰条文、章规，其繁缛程度超过了历朝历代，服装制作的工艺也变得更加精致与烦琐。

清朝是以异族入主中原，满族原是尚武的游牧民族，在戎马生涯中形成了自己的生活方式，其冠服形制与汉人服装大异其趣。清王朝建立后，统治者为了泯灭汉人的民族意识，强行推行满人的服饰，禁止汉人穿汉装的法令非常严厉，那些坚持前朝穿戴的人甚至遭到杀戮。这种做法在当时曾引起轩然大波。最令汉人反感的是按满族的习俗前额需剃发，后脑留发梳辫。有汉民族气节的人，有的宁可剃了光头当和尚；有的在头部画上明朝的方巾，以示不忘故国衣冠；有的取名守发、首发，用隐讳的文字表达内心的愤慨。汉人的强烈抵制迫使清王朝重新颁布了服制，所谓男从女不从，生从死不从，阳从阴不从等“十从十不从”，这才使剃发易服的民怨得到缓和，满、汉服饰也获得了一定的发展空间。

清王朝用种种有关穿衣、戴帽、配饰的服制规定，维持着森严的阶级统治。清政府用花翎换掉了明代的乌纱帽，用孔雀翎毛上的“眼”即“目晕”的多少来区分级别；官员的朝服和常服，里三层外三层；行袍、行裳、领衣、马褂、坎肩、补服等重重叠叠；朝珠、朝带、玉佩彩绦、荷包香囊等佩饰林林总总；朝珠有翡翠、玛瑙、珊瑚、玉石、檀木的区别，连丝绦都有明黄、宝蓝、石青之分。服饰的等级区别在清朝被细分到极致，违反规定的以犯罪论处。有资料载，雍正皇帝赐死年羹尧，就有擅用鹅黄小刀荷包、穿四衩衣服、纵容家人穿补服的罪状。女装虽然相对宽松，但精雕细刻，十分精致。服装上的镶边工艺就有所谓的“三镶五滚”“五镶五滚”“七镶七滚”，甚至多至“十八滚”。

在镶滚之外还在下摆、大襟、裙边和袖口上缀满各色珠翠和绣花，折裥之间再用丝线交叉串联，连袜底、鞋底也绣上密密的花纹。如此烦琐细密的装饰，是服制产生以来所没有的，是清朝闭关锁国与经济高度发展的畸形产物。

虽然清王朝对传统汉服进行了改变，汉族的衣冠表面上受到了冲击，却从未动摇过传统服制之根本。我们可以这样认为，清王朝服饰改变的只是形式，而不是它的实质内容。清王朝继承并强化了汉民族服制的礼法文化传统，形式改变的目的是为了压抑和淡化汉人的民族意识，加强清政权的统治。正是因为如此，到清末，满、汉服饰的区别在漫长的岁月中逐渐融汇，满族人的服饰已经为汉人所认同，并形成新的服饰样式。

图 1-8-3 穿朝服的皇帝，作者：任夷。皇帝朝服分冬、夏二式，冬冠用薰貂、黑狐皮料，夏冠则用玉草、藤、竹、丝材，上缀朱纬。冬、夏朝服的缘边，春夏用缎，秋冬用珍贵皮毛。色以黄为主，其下如皇子用金黄色，亲王、郡王则用蓝色及青色。

1. 皇帝服饰

(1) 衮服与朝服

清朝皇帝服饰有衮服、朝服、吉服、常服、补服、行服等。

衮服只有皇帝服用，穿着的场所也不多，仅用于祭圆丘、祈谷、祈雨等。其用石青色绣五爪正面金团龙四团，左肩绣日，右肩绣月，前后篆文寿字，间以五色云纹。此服明显是在汉民族固有的衮服形式上加以改变而成，其服饰文化的实质内容没变。

皇帝朝服及所戴的冠分冬夏二式，形制为上衣下裳。冬夏朝服的区别主要在衣服的缘边，春夏用缎，秋冬用珍贵皮毛。朝服的颜色以黄色为主，以明黄为最，只有在祭天时用蓝色，祭朝日时用红色，祭夕月时用白色。朝服的纹样主要为龙纹及十二章纹样。一般在朝服

图 1-8-4 皇帝朝服，清，故宫博物院藏。

正前、背后及两肩绣正龙各一条；腰帷绣行龙五条；衽绣正龙一条；襞积（折裥处）前后各绣团龙九条；裳绣正龙两条、行龙四条；披领绣行龙两条；两袖端绣正龙各一条。衣裳前后绣十二章花纹，其中日、月、星辰、山、龙、华虫、黼、黻等八章在衣上；其余四章——藻、火、宗彝、米粉在裳上，并相间以五色云纹。十二章纹饰也沿袭着汉民族传统服饰文化（见图 1-8-3、1-8-4）。

（2）吉服（龙袍）

按照清朝礼仪，皇帝龙袍属于吉服范畴，它是略次于衮服、朝服的服饰，平时较多穿着。穿龙袍时必须戴吉服冠，束吉服带，项间还需悬挂朝珠。龙袍的颜色以黄色为主，也可用金黄、杏黄等色。古时称帝王之位为“九五至尊”。九、五两数字，在中国传统文化里意为至高至广。因而，皇帝朝服、龙袍必绣九条龙，但前后单面看是五条龙，正好吻合九、五之意。龙袍的下端，排列着如彩虹般的线条，称为“水脚”。水脚之上还有许多波涛翻滚的水波浪以及山石、吉祥物等，它除了表示绵延不断的吉祥含义之外，还隐喻着一统山河和万事升平的寓意（见图 1–8–5）。皇帝穿龙袍时着方头朝靴。朝靴用色与服色相同，并饰深色边饰，上面绣有草龙花纹（见图 1–8–6）。

图 1–8–5 皇帝龙袍平面展开图。

图 1–8–6 清，康熙帝绣钩藤缉米珠的朝靴。

2. 皇后服饰

（1）朝服

皇后的朝服由朝冠、朝袍、朝裙、朝褂、领约、披领、彩帨及戴在项前的朝珠等组成（见图 1-8-7—1-8-10）。

图 1-8-7 皇贵妃夏朝冠。通高 31 厘米，径 31 厘米，圆冠式，青绒质地。

朝冠的形制，冬用薰貂，夏用青绒，上缀有红色帽纬。顶部分三层，叠三层金凤，金凤之间各贯东珠一只。帽纬上有金凤七条，嵌有猫金石、珍珠、金约等。冠后饰金翟一只，翟尾垂五行珍珠，共三百二十颗，每行另饰青金石、东珠等珠宝，末端还缀有珊瑚。左右耳饰各三具，每具金龙衔二珠。

朝袍以明黄色缎子制成，分冬夏两类。冬季另加貂缘；夏季用青绒，皆缀

图 1-8-8 着朝服的皇后，作者：任夷。

图 1-8-9 戴朝冠、穿朝服与朝褂、披领、佩彩帨的皇后。《清代皇后像》，北京故宫博物院藏。

图 1-8-10 清乾隆帝孝贤纯皇后像，头戴朝冠与金约，耳垂耳坠三对，领约、披领，着圆对襟，无袖，无襞积，左右开衩至腋下，前后各绣大立龙两条，下幅为八宝寿山立水纹的朝褂，内穿朝袍，颈上挂三串朝珠（珍珠一，珊瑚珠二），胸前挂彩帨。

图 1-8-11 皇后常服百蝶袍。

朱纬。

朝裙着于外褂之内，开衩袍之外，其上为织金寿字缎，下为石青行龙缎，都是整幅，有裙褶，夏日的朝裙以纱织成。

朝褂是穿在朝袍之外的服饰，其样式为对襟、无领、无袖，形似背心，上绣龙云及八宝（八宝是带有吉祥愿望的象征性纹饰，一和合、二鼓板、三龙门、四玉鱼、五仙鹤、六灵芝、七磬、八松）平水等纹样。穿朝服时朝褂必须与披领配套，披领绣龙纹。

太皇太后、皇太后的冠服与皇后相同皇贵妃的服饰大抵与皇后类似，有朝冠、朝褂、朝珠、朝裙、朝袍、龙褂龙袍，身份等级主要通过纹样、色彩及其配饰的数量来区别。

(2) 常服

皇后常服样式与满族贵妇服饰基本相似，为圆领、大襟。衣领、衣袖及衣襟边缘都饰有宽花边，只是图案有所不同。图 1-8-11 展示的服装纹样为菊花及蝴蝶，整件服装为湖蓝色缎地，衣身绣有各种姿态的蝴蝶，蝴蝶中间，穿插数朵菊花。袖口及衣襟也以菊花及蝴蝶为缘饰。

龙、凤是华夏人的图腾，其组成的图案纹样贯穿历朝历代。至清朝，龙凤图案纹样运用更加广泛，题材也更加丰富，有龙凤呈祥、彩凤双飞、丹凤朝阳、凤穿牡丹等，其中尤以凤穿牡丹最为常见。传说中凤为鸟中之王，牡丹为花中之王，丹凤结合，象征完美、光明与幸福。图 1-8-12 所示的常服就采用

图 1-8-12 皇后常服凤袍，纹样为凤穿牡丹。整件服装在蓝色底上绣有八只彩凤，彩凤当中穿插着数朵折枝牡丹。色彩变化微妙，画面喜庆祥和，刺绣纹样繁缛细腻而有序，色彩鲜艳富丽而不俗。

了这一题材，在鲜艳的蓝色缎地上绣以八只彩凤，彩凤中间穿插着无数朵折枝牡丹。牡丹与凤凰的造型栩栩如生，其色彩形成对比与协调的关系，具有典型的民族风格。

(3) 氅衣

氅衣是古代罩在衣服外面的大衣，用以遮避风寒，其形制不一。一般中间有系带，两侧开衩至腋下。清代氅衣是清代内廷后妃穿在衬衣外面的日常服饰，花纹十分华丽，边饰的镶绲亦极为讲究，在领托、袖口、衣领至腋下相交处及侧摆、下摆都镶绲不同色彩、不同工艺、不同质料的花边、花绦、狗牙，等等。

氅衣在清代民间女性中亦多有服用，尤以江南地区的做工最为繁缛。其形

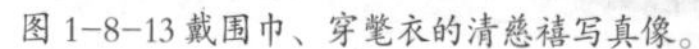

图 1-8-13 戴围巾、穿氅衣的清慈禧写真像。

图 1-8-14 着氅衣的慈禧写真像。

制为直身、平袖，袖长过指，衣长掩足，仅露出旗鞋的高底；圆领、捻襟右衽；两侧开衩至腋下。袖口内加饰绣工精美的可替换袖头，既方便拆换，又像是穿着多层讲究的内衣。四季穿用棉、夹、缎、纱，随心所欲。与其他服饰不同的是，氅衣在两侧腋下的开衩顶端都有用绦带、绣边盘饰的如意云头，形成左右对称的形式。尤其是清代同治、光绪以后，这种繁缛的镶边装饰层数越来越多，京城贵族妇女衣饰镶绲花边的道数更是达到极致，有“十八镶”之称。这种装饰风尚直到民国期间仍继续流行（见图 1-8-13—1-8-15）。

（4）围巾

围巾指在穿无领旗袍与氅衣时系在脖颈上的丝带。围巾一般宽约 2 寸，长约 3 尺，其上常绣有纹饰，花纹与衣服上的花纹配套。围巾从脖子后向前围绕，右面的一端搭在前胸，左面的一端掩入衣服捻襟之内。

图 1–8–15 月缎绣玉兰蝴蝶纹舒袖氅衣，内有套袖，左右开衩，叉高及腋下，衣服缘边装饰有如意云头。清光绪年间，慈禧太后穿用品，北京故宫博物院藏。

3. 品官服饰

缀有补子的马褂、马蹄袖装束是清朝官员服制的一大特色。官服上补子的形制直接取自于明代官服的装饰样式，以文官绣禽、武官绣兽的不同来分别文武官及其品级的高低，只是禽、兽的花样与明代略有差异。与明代不同的是，由于马褂是对襟的，所以胸前的补子也必然被分为两块（见图 1–8–16）。

图 1–8–16 穿补服的清朝品官夫妇图片，意大利传教士南怀谦摄。

（1）补褂

补褂无领、对襟，其长度比袍短、比褂长，前后通常各缀有一块方形补子。凡补服都为石青色，穿着的场所和时间也较多。清朝补子比明朝略小，是清代区分官职品级的主要标识。文官补子绣禽类：一品绣鹤，二品绣锦鸡，三品绣孔雀，四品绣雁，五品绣白鹇，六品绣鹭鸶，七品绣鸂鶒，八品绣鹌鹑，九品绣练雀（见图 1-8-17—1-8-18）。武官补子绣兽类：一品绣麒麟，二品绣狮，三品绣豹，四品绣虎，五品绣熊，六品绣彪，七品、八品绣犀牛，九品绣海马。圆形补子则为皇子、亲王、郡王、贝勒、贝子等皇亲贵族使用。皇子龙褂为石青色，绣五爪正面金龙四团，前后及两肩各一团，间以五彩云纹。亲王亦绣五爪龙四团，前后为正龙，两肩为行龙。除黄色为特赐之外，一般多以天青或元青色为礼服。深红、紫酱、深蓝、深灰为常服。清朝礼服一般没有领子，穿时须在袍上另加硬领（称牛舌头）。

（2）朝珠

文官五品、武官四品以上均佩朝珠，它是高级官员区分等级的一种标志。朝珠是挂在颈项间、垂于胸前的饰品，由 108 颗圆珠串成，质料亦各不相同。朝珠上附有三串小珠，两左、一右为男佩珠，一左、两右为女佩珠。此外，朝

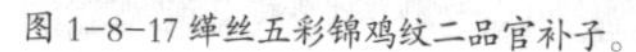

图 1-8-17 缂丝五彩锦鸡纹二品官补子。

图 1-8-18 仙鹤纹一品官补子。

珠串正中用丝绦系有一串垂珠——“背云”，由颈后引垂于背后（见图 1-8-19），1-8-20—1-8-22 中的人物均有佩戴朝珠。

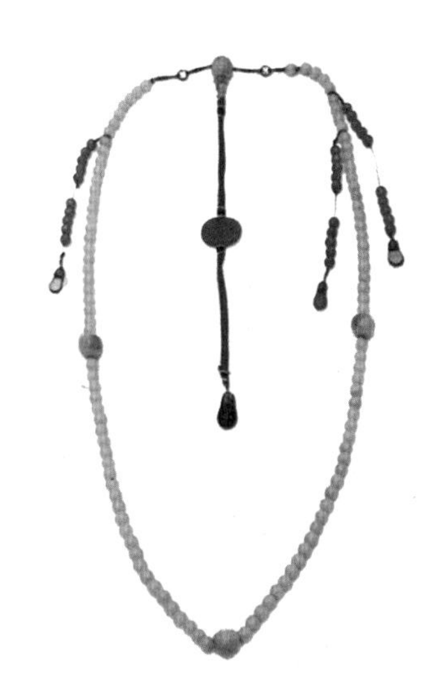

图 1-8-19 清朝朝珠。

(3) 蟒袍

袍服是文武官员最常用的礼服，因袍服上绣有蟒纹故称“蟒袍”。关于蟒、龙的区别，历来没有明确的答案，一般根据《大清会典》中“凡五爪龙缎立龙缎团补服……官民不得穿用，若颁赐五爪龙缎立龙缎，应挑去一爪穿用”的禁例，可得出五爪为龙、四爪为蟒的结论。尽管如此，现存资料所反映出的却是地位高的官吏照样可穿“五爪之蟒”，而一些贵戚得到特赏也可穿着“四爪之龙”。至于何时为龙，何时为蟒，不得而知。蟒、龙之分主要缘于当时严格的社会等级制度：龙被视为帝王的化身，除帝后及贵戚外，其他人不得“僭用”。所以同样是一件五爪龙纹袍服，用于皇帝的可称为龙袍，而用于普通官吏时，只能叫蟒袍。在颜色上，只有皇族可用明黄、金黄及杏黄，其他人一般为蓝色及石青色。

图 1-8-20 清朝文官朝服，作者：任夷。图中清朝官员头戴凉帽，上饰宝石，帽后饰孔雀翎；身穿锦袍，下缀秀水苍纹；外着朝褂（补褂），身挂念珠，手覆马蹄袖；下穿长裤，足着软靴。

(4) 暖帽、凉帽

清朝男子礼帽俗称“大帽子”，其形制有两种：一为冬天所戴，名为暖帽；一为夏天所戴，名为凉帽。暖帽的形制，多为圆形，周围有一道檐边，材料多为皮制，也有用呢、缎及布制成，视其天气变化而戴。凉帽的形制，无檐而形如圆锥，俗称喇叭式，材料多

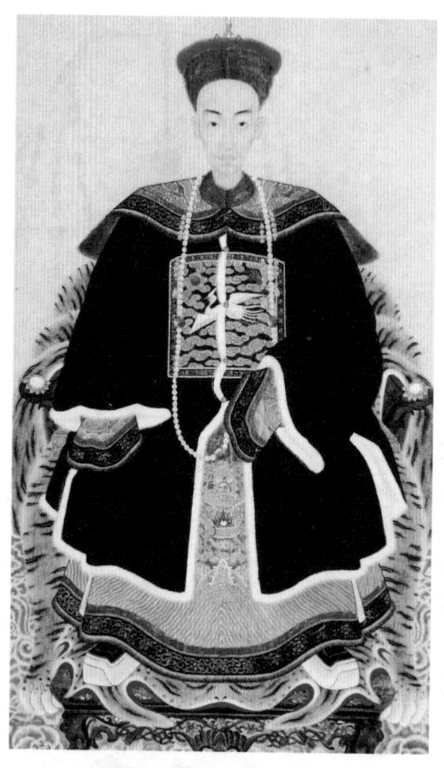

图 1-8-21 戴暖帽，穿补服，披领，戴朝珠的清朝官员。《肖像》，清，佚名，广州美术学院藏。

图 1-8-22 戴暖帽，穿补服，披领，戴朝珠的清朝官员。《肖像》，清，佚名，广州美术学院藏。

为藤、竹，外裹绫罗，多用白色，也有用湖色、黄色的。无论暖帽、凉帽，均上缀红缨顶珠。顶珠是区别官职的重要标志。按照清朝礼仪：一品官员顶珠用红宝石，二品用珊瑚，三品用蓝宝石，四品用青金石，五品用水晶，六品用砗磲，七品用素金，八品用阴文镂花金，九品用阳文镂花金。顶无珠者，即无品级（见图 1-8-20—1-8-22）。

（5）马褂

马褂，顾名思义，就是满族在关外骑马时常穿的一种短衣，入关后仍穿用于袍服之外的服装。马褂长仅及脐，左右及后开衩，袖有长袖与短袖之分，袖口平直（无马蹄袖端），男女均可穿着。马褂在满族入关时只限于八旗士兵穿用，到了康雍年间才在社会上流行，成为一种便装，士庶都可穿着。由于身份的不同，马褂在用料、色彩、装饰上都有所区别。马褂的样式有对襟、琵琶襟、大襟等。对襟马褂多当礼服，一般为天青色或元青色，其他深红、浅绿、酱紫、深蓝、深灰等可作常服。女式马褂全身施纹彩，并用花边装饰（见图 1-8-23—1-8-25）。

图 1-8-23 马褂，辽宁省民间收藏。

图 1-8-24 圆领对襟大袖素缎彩绣镶花边褂，清。

图 1-8-25 官员常服，作者：任夷。本图为戴暖帽、穿长袍和马褂的官吏。

(6) 箭衣

清朝长袍多开衩。官吏士庶开两衩，皇族宗室开四衩。不开衩的俗称“一裹圆”，为一般的平民服饰。开衩袍，也称“箭衣”。箭衣是清代射士所穿的一种紧袖服装，为防手冻，袖端上半长可覆手，下半特短，以便拉弓射箭，称为“箭袖”。因箭袖形似马蹄，故又称“马蹄袖”。平常袖口翻起，行礼时放下。这种开衩服装是满族服装的特色，最初出现在入关之前，而后沿用于整个清代（见图 1-8-20）。

(7) 领衣

清朝服装一般无领，袍服作为礼服穿用时需在其上另加一硬领，称为“领衣”，又因其形似牛舌，故俗称“牛舌头”。其质料或布帛、或绸缎、或绒皮，视季节而定。领衣前为对襟，系以纽扣（见图 1-8-26）。此外，还有一种披肩，形似菱角，上绣以纹饰，多用于官员朝服（见图 1-8-27）。

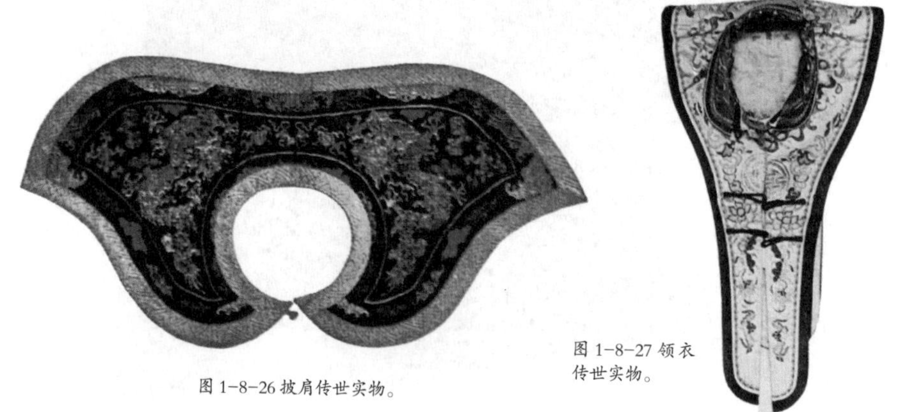

图 1-8-26 披肩传世实物。

图 1-8-27 领衣传世实物。

4. 男子服饰

男子服装主要有袍、褂、袄、衫、裤等，袍、褂常作为礼服（见图 1–8–28）。

（1）袍

清朝袍服中以蟒袍为贵。不绣蟒纹的袍服，除颜色有禁例外，一般人都可服用（见图 1–8–29、1–8–30）。

一般士庶如穿无衩袍作礼服时，常另装一副马蹄袖，用纽扣系在袖端，这种袖子叫“龙吞口”。此外，有一种袍服称为“缺襟袍”，其前襟下摆右边裁下一块，比左面约短一尺，以便于乘骑，因而谓之“行装”，在不乘骑时可将裁下来的缺襟袍前裾与衣服之间以纽扣扣上，别具特色。

图 1–8–28 男子常服，作者：任夷。头戴瓜皮帽、身穿长衫，外罩马甲，腰部挂有荷包、扇袋、眼镜袋、玉环结，下穿长裤，脚着布鞋的清朝男子。

图 1–8–29 蟒袍传世实物，清，织锦。

图图 1–8–30 文人服饰，作者：任夷。图中人物头无戴冠，梳清式发辫于脑后；身穿长衫，袖长过手，合领右衽，衫长至足而左右两侧开衩，便于行动。

图 1-8-31 织绒镶片金缘一字襟马甲，清。

图 1-8-32 对襟刺绣镶花边坎肩。

图 1-8-33 琵琶襟刺绣镶花边坎肩，清。

(2) 马甲

马甲或称坎肩、背心，为无袖短身上衣，男女皆着。其样式有大襟、对襟、琵琶襟等。早期一般穿在里面，样式也比较窄小。后来多穿在衬衣、旗袍外面。还有一种多纽扣的马甲，称“巴图鲁坎肩”（“巴图鲁”是满语“勇士”之意）。这种马甲四周镶边，在正胸钉一竖排纽扣，自上而下共十三粒，俗称“一字襟”马甲，或称“十三太保”。巴图鲁坎肩初为朝廷要员服用，故称“军机坎”，后则一般官员也多穿着，成为一种半礼服。坎肩的工艺有织花、缂丝、刺绣等。其饰纹如洒花、折枝花、独花、百蝶、仙鹤、凤凰、寿字、喜字等不一而足。清中后期，更有在坎肩上施加如意头、多层滚边、刺绣花边、多层绦子花边、捻金绸缎镶边的，有的还在下摆加流苏串珠等为饰（见图 1-8-31—1-8-33）。

(3) 瓜皮帽

瓜皮帽为便帽，也称“小帽子”，以六瓣合缝，缀檐如筒。其创自明太祖洪武年间，取其六合一统之意。这种小帽形式很多，有平顶、尖顶、硬胎、软胎之别。平顶大多为硬胎，内衬棉花；尖顶大多为软胎，取其方便制作（见图1-8-34）。

图 1-8-34 刺绣万寿字、镶边、缀红绒顶结的便帽。清，北京故宫博物院藏。

5. 妇女服饰

汉族妇女服饰，初期仍如明末之旧制（见图 1-8-35—1-8-43）。

图 1-8-35《梧叶惊秋图》局部，清，陈字，图中人物着装基本保留明朝样式。

图 1-8-36《阆苑采芳图》局部，清，陈字。

图 1-8-37《扑蝶仕女图》局部，清，陈字。

图 1-8-38《豪家佚乐图卷》局部，清，杨晋。

图 1-8-39《月曼清游图册》局部，清，陈枚。

图 1-8-40《柳荫仕女图》局部，清，任熊。

图 1-8-41《雍正妃行乐图》局部，清，佚名。

图 1-8-42《乾隆妃梳妆图》局部，清，佚名。

图 1-8-43《红楼梦怡红院》局部，清，天津杨柳青。

经过不断的演变，到清初后期，妇女服饰终于形成一代特色。凡后妃命妇，用凤冠、霞帔。普通妇女除婚嫁及入殓时“借穿”一下这种服饰外，其他场合以披风、袄裙作为礼服。袍衫（旗袍）为满族妇女的主要装束，也深受汉族妇女的喜爱，只不过满族的女装没有汉族的宽大。满族女装一般窄而瘦长，多在外面加坎肩（见图 1-8-44）。

（1）霞帔

清朝凡后妃命妇，都以凤冠、霞帔作为礼服。霞帔是宋、明以来命妇们特有的礼服饰件，由纹样来确定品级的高低。《格致镜原》引《名义考》称："今命妇衣外以织文一幅，前后如其衣长，中分而前两开之，在肩背之间，谓之霞帔。"清朝命妇礼服承袭明朝制度，以凤冠、霞帔为之，所不同的是清代霞帔阔如背心，下施彩色流苏，是诰命夫人专用的服饰。霞帔中间缀以补子，补子所绣图案纹样一般根据其丈夫或儿子的品级而定，唯独武官的母、妻不用兽纹而用鸟纹（见图 1–8–45）。

图 1–8–44 头梳平髻、戴大拉翅，身穿旗袍、坎肩，领、袖、襟皆饰宽缘花边的宫妃。作者：任夷。

（2）云肩

云肩是妇女披在肩上的装饰物。云肩在五代时已有，为四合如意形；明代的妇女亦常将其作为礼服上的装饰。清朝贵妇礼服上的云肩制作精美，有的剪裁为莲花形或结线为缨珞形，周围垂有排须。据资料载，慈禧所用的云肩是用又大又圆的珍珠缉成的，共耗用 3500 颗珍珠。清朝后期，民间妇女的婚礼礼服也用云肩（见图 1–8–46）。

图 1–8–45 晚清命妇礼服，绛丝云龙白鸟孔雀补，下饰流苏的霞帔。

（3）满族女子服饰

清朝妇女日常服饰可分为汉装和满装两类。满装多为长袍，汉装则以上衣下裳为主。满族妇女的身形给人的感觉比以往历代妇女都修长，服饰为其缘由。因为满族妇女所梳

图 1-8-46 披云肩，梳牡丹、钵盂髻乐女。《女乐图》局部，清，禹之鼎。

图 1-8-47 着满族旗袍的妇女，作者：任夷。此服饰多合领右衽，领、襟、袖饰有宽大缘边，其袖短而口宽，长仅及手。这种旗袍开始极为宽大，后来渐渐变为小腰身，两侧开衩。贵妇旗袍皆以锦缎精绣，饰以冬黄梅、春牡丹、夏荷花、秋菊花纹样，美轮美奂。下穿宽口大裤，也饰有花边；足穿高底尖足鞋。发式为平髻，曰“一字头”，饰以珠花。

旗髻比汉族妇女的发式高出五至六寸，满族妇女穿的“花盆底”旗鞋也比普通女鞋高出二至三寸，有的甚至四五寸，两者加起来要高出近一尺。满族妇女所穿的服装以长袍为主，长袍的下摆多垂至地面，掩住旗鞋，更显得身姿修长（见图 1-8-47）。长袍外面加罩一件马甲，也是满族妇女十分喜爱的装束。这种马甲与男式马甲一样，也有大襟、对襟及琵琶襟等形制，长度多到腰际，并缀有花边（见图 1-8-48、1-8-49）。

（4）汉族女子服饰

汉族妇女服饰仍沿用明朝服装形制，以衫裙为主，或者再加上一件较长的背心，到清代后期则又流行下身不束裙而只着裤。乾隆后期，南方的苏州成为服饰的中心，此时流行的女装门襟、袖口处以锦绣镶滚。到嘉庆年间，衣饰镶

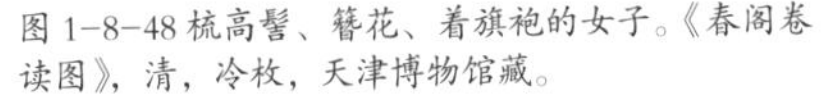

图 1-8-48 梳高髻、簪花、着旗袍的女子。《春阁卷读图》，清，冷枚，天津博物馆藏。

图 1-8-49 图中为梳旗髻、穿旗袍的清代女子，意大利神父南怀谦摄。

图 1-8-50 汉族女子服饰，作者：任夷。图中女子着大襟长衫，下着百褶裙，梳蚌珠头，髻中插簪，并以珠翠、白兰花或珠花为饰。

滚装饰渐渐多了起来，袖口也放大。至咸丰、同治年间，一道道的镶滚多达十八道，有“十八镶”之称。上衣比较长，大致在膝下。到光绪末、宣统年间，衣袖短而细小，常常露出里面的衬衣，上衣也减短了些。之后，衣袖又有时而宽、时而窄的变化（见图 1-8-50—1-8-56）。

(5) 女鞋

缠足之风到了清代尤为盛行，汉族妇女以穿弓鞋为多，时称“三寸金莲”。满族妇女不缠足，大多穿木底的绣鞋，时称“高底鞋”。由于形似花盆，亦称“盆底鞋”；有的鞋子因像马蹄，也称

图 1-8-51 从图中女子着装可看出当时社会的繁荣与富裕。

图 1-8-52 画中妇女均着大襟右衽衫、长裤，领襟、袖缘、裤脚均饰有缘边。这幅《玉堂富贵》展现了安逸祥和的画面。

图 1-8-53 穿比甲、着三寸金莲的女子。年画，清，上海图书馆藏。

图 1-8-54《母儿满床欢》展现的是清朝安逸、欢快的家庭氛围。家中的环境陈设以及人物的着装，体现出当时优越的生活。

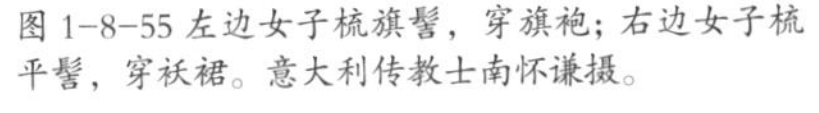

图 1-8-55 左边女子梳旗髻，穿旗袍；右边女子梳平髻，穿袄裙。意大利传教士南怀谦摄。

图 1-8-56 裹脚，穿大襟、大袖、长衫的妇人。（图片来源于《中华文明传真》）

"马蹄底鞋"。鞋跟都用白细布裱蒙，鞋面用刺绣、串珠等装饰。有资料载，慈禧太后穿的高底鞋，把鞋头做成一个凤头形，嘴衔珠穗，称为"凤头鞋"（见图 1-8-57—1-8-63）。

图 1-8-57 高底绣花鞋，清。

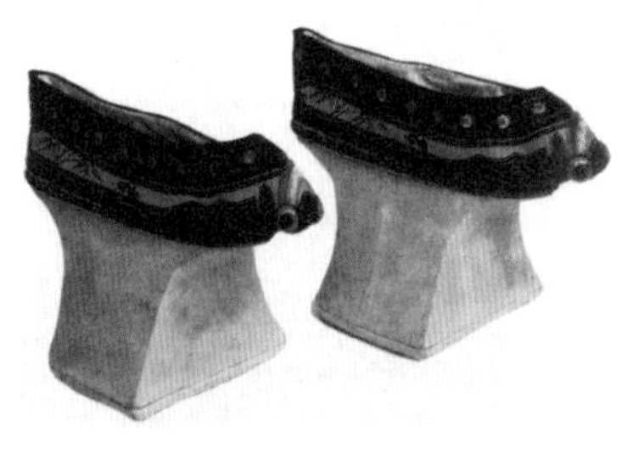

图 1-8-58 彩绣高底三寸金莲，清。

图 1-8-59 满族高底鞋，辽宁省民族文化宫藏。

图 1-8-60 彩绣高底三寸金莲，清。

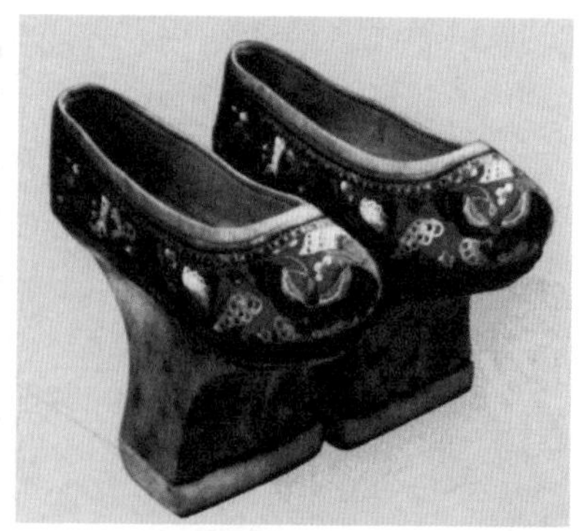

图 1-8-61 绣花高底鞋，清，吉林省博物馆藏。

图 1-8-62 绣花三寸金莲。

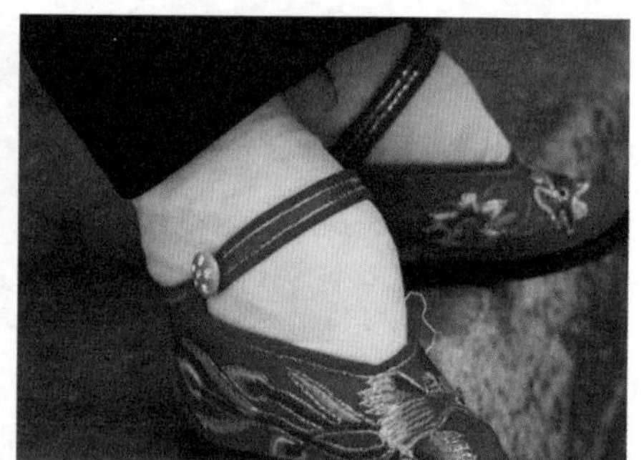

图 1-8-63 脚着三寸金莲图。

(6) 发饰

清朝妇女发饰，初期还保留满、汉各自的原有形制，后在长期相处、杂居的影响之下，都有明显的变化。

汉族妇女的发式，在清朝中叶模仿满族宫女发式，以高髻为尚。之后还流行平髻、圆髻、如意髻等样式。清末，梳辫开始在少女中流行，以后逐渐普及（见图 1-8-64—1-8-68）。

满族妇女发式大多以钿子为饰。钿子以铁丝为骨，也有用藤条的，外面裱以黑纱，上面饰有翠翟（翟，雉羽）。普通满族妇女多为“叉子头”式，也称“两把头”“把儿头”。后来受汉族影响，一般都将发髻梳成扁平的形状，俗称“一字头”。到了清末，这种发髻越来越高，逐渐变成“牌楼式”的固定装饰，

图 1–8–64《仕女屏之四》局部，清，陈字。

图 1–8–65《小清小影图》局部，清，顾洛。

图 1–8–66《瑶宫秋扇图》局部，清，任熊。

图 1–8–67《梅边吟思图》局部，清，顾洛。

图 1–8–68《桐荫抚扇图》局部，清，任熊。

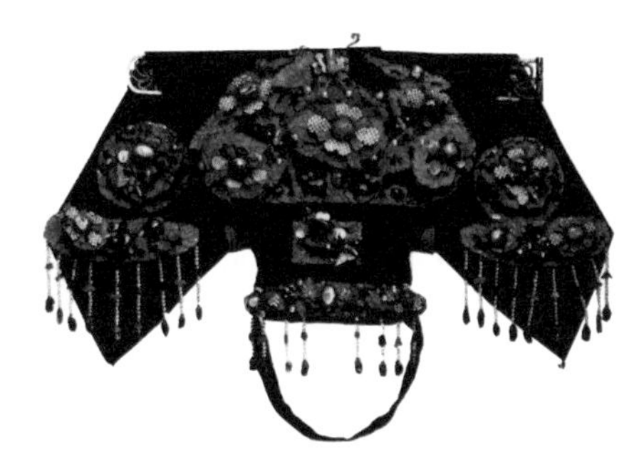
图 1–8–69 缎面缀点翠首饰“大拉刺”。清，美国旧金山亚洲艺术博物馆藏。

只需套在头上，再加一点花朵即可，名为“大拉翅”（见图 1–8–69）。

6. 军戎服饰

（1）盔帽

盔帽无论是用铁或用皮革制成，都在表面髹漆。盔帽前后左右各有一梁，

图 1-8-70 盔帽，清。　图 1-8-71 军戎服饰，清。

额前正中突出一块遮眉。盔帽中间竖有一根插缨饰、雕翎或獭尾用的铁或铜管。帽后垂有丝绸做的护领、护颈及护耳，上面绣有纹样，并缀以铜或铁泡钉（见图 1-8-70、1-8-71）。

(2) 铠甲

铠甲分甲衣和围裳两部分。甲衣样式为圆领对襟，服装表面缀以铜或铁泡钉，肩上装有护肩，护肩下有护腋；另在胸前和背后各佩一块金属的护心镜，前襟护心镜下另佩一块梯形护腹，名叫前挡。腰间左侧佩左挡，右侧不佩挡，留作佩弓箭囊等用。围裳分为左、右两幅，穿时用带系于腰间。在两幅围裳之间正中处，覆有质料相同、绣有虎头形的蔽膝。这些配件装置，除护肩用丝带连接外，其他均用纽扣连接（见图 1-8-72—1-8-76）。

图 1-8-72 铠甲之甲衣、围裳，清。

图 1-8-73 铠甲之甲衣、围裳，清。

图 1-8-74 士兵服，作者：任夷。头戴凉帽，身穿长衫、马褂的士兵。马褂镶滚缘边，胸前、背后各作一圆圈，内标兵、勇、亲兵等字样，下穿长裤。一般士兵小腿裹以绑腿带，着尖头鞋。级别较高一点的则穿底薄统短的快靴。

图 1-8-75 图中人物着清朝军戎服饰。（图片来源于《中国近代皇朝的军队》）

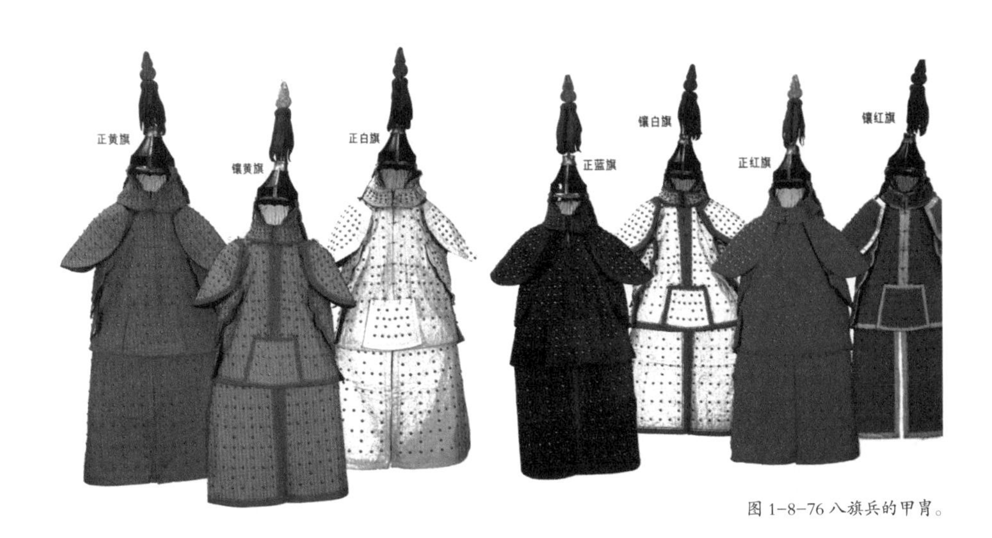

图 1-8-76 八旗兵的甲胄。

(3) 甲胄

八旗兵的甲胄多用皮革制成，主要供大阅兵时穿用，平时收藏起来。传统的甲胄形式已经失去实用价值，只是作为一种军仪。甲胄的外表按级别绣有各种纹饰，士兵则穿号衣，以色辨别部队，并在胸前和背后各印有一团饰，写上兵勇或部队的番号。清朝除满族八旗外，蒙古族、汉族也设有八旗，参加大阅兵的实为二十四旗（见图 1-8-76）。

7. 服饰纹样

清朝进入封建社会末期，服饰不仅继承与发展了宋明以来的纹样，也进一步融合了国内各民族的纹样；不仅民间纹样与宫廷纹样之间相互借鉴模仿，也更广泛地接受了外来的纹样。多种因素混合，形成了清代纹样异常纷繁复杂的内涵与样式，其总体的风格可分为三个时期：清初期对汉文化传统的模仿，纹样细密，色彩淡雅柔和；中期纹样开始形成自己的特色，繁缛华丽，具有洛可可风格的特点；晚期纹样倾向写实，色调清新。概而论之，清代服饰纹样取材

图 1-8-78 双龙庆寿纹。

图 1-8-77 牡丹纹。

广泛，配色丰富明快，花色品种多样，传统的祥瑞思想得以传承。清代的吉祥纹样集历代之大成，纹样构成“图必有意，意必吉祥”，把吉祥饰纹发展到了极致。纹样除写实花鸟，如云鹤、喜鹊、牡丹、佛手、蝴蝶、石榴、寿桃、梅、兰、竹、菊等外，还有器物纹与文字纹样，如宝盖、法轮、瓶戟、宝剑、书卷、花篮、葫芦、琴棋、书画、八宝、八结、八吉祥、万字联、万寿团花、福禄寿喜，等等，包罗万象，名目之多不能尽数。这些纹饰制作细腻精致，色彩层次变化丰富，刺绣工艺精湛，动、植物纹样写实逼真，其烦琐细密的程度令人惊叹（见图 1–8–77—1–8–88）。

图 1–8–79 牡丹纹。

图 1–8–80 团龙纹织绣，清。

图 1–8–81 双龙庆寿纹。

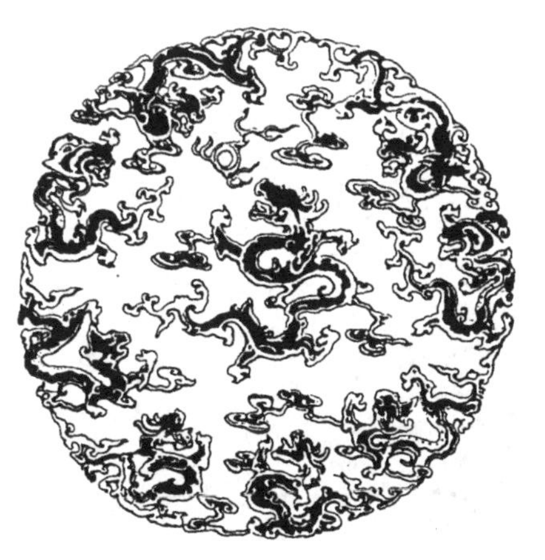

图 1–8–82 龙生九子团花纹。

图 1-8-83 龙凤呈祥纹，清。

图 1-8-84 八仙庆寿纹刺绣，清，北京故宫博物院藏。

图 1-8-85 仙鹤金鱼纹刺绣，清。

图 1-8-86 锦鸡纹刺绣，清。

图 1-8-87 翔凤纹缂丝，清。

图 1-8-88 团鹤花卉蝴蝶纹刺绣，清。

8. 清朝最具代表性的服饰结构与工艺图

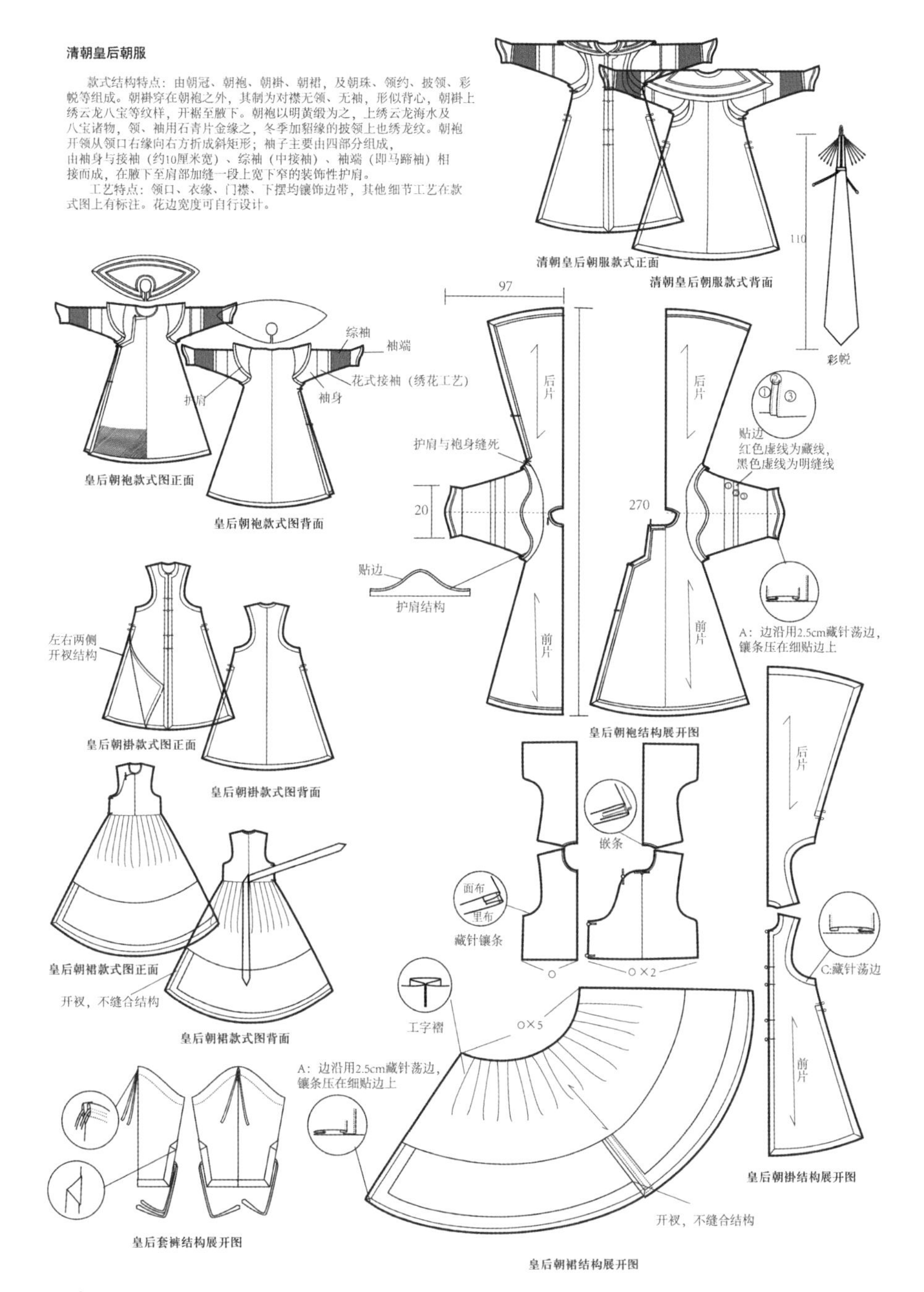

思考题：

绘制：郑静
指导老师：任夷

1. 用图文说明清朝妇女满、汉服饰之间的区别。
2. 皇帝朝服发展到清朝，从形式到内容有何变化？
3. 清朝男子服饰的主要特点？
4. “八旗兵”的服饰有哪些特点？

第九章

近代服饰

鸦片战争以后，西方文化的传入推动了中国社会观念的变化，人们痛感观念的落后是中国处于弱势的一个重要原因。传统服饰中的裹足与西方人带进来的鸦片摧残着人们的身心健康，被认为是有辱国格的两大公害。要想革新图强，就必先革除这两大恶习。如果说禁吸鸦片是对少数人不良嗜好的整治，那么废除裹足则是要废弃上千年的封建陋习，波及千家万户，比前者对社会的震撼更大，其意义也更为深刻。废除摧残妇女的缠足陋习，既是对女性的解放，从小处看也是一次鞋履的改制，必然会推动服饰的变革。早在光绪二十四年（公元1898年）的百日维新期间，康有为上书《请禁妇女裹足折》和《请断发易服改元折》，认为女子裹足不能劳动；辫发长垂不利于在机器前工作；宽衣博带，长裙雅步，不适合万国竞争的时代。呼吁放足、断发、易服，“与欧美同俗”。他把变衣冠作为学习西方文明和推行新政的一项重要内容，为后来服饰的变革奠定了良好的基础。

裹足本不是清人的祖制，顺治二年和康熙三年曾两度禁止裹足，但满族、汉族长期的相处，最终敌不过汉民族传统习惯的影响，致使满族妇女也被汉化，变成了“三寸金莲”。这也说明，改良习俗如果没有新观念的支持，最终免不了要被旧的习惯势力所吞没。而断发易服则是清王朝最忌讳的事，清初用暴力手段强制汉人剃发留辫，又岂能在清廷的子孙中断送这一祖制？然而，正是断发易服的呼声成为点燃人民大众反清斗争的火种。明亡以后，剃发留辫这一辱没汉人的亡国之痛，重又在清末民族矛盾中升级，当革命的矛头指向清朝统治的时候，断发易服成为动员民众支持革命最有力的举措。1912 年 3 月 5 日，中华民国临时大总统孙中山通令全国剪辫，发布《命内务部晓示人民一律剪辫令》，并强调："满虏窃国，易冠裳，强行编发之制，悉从腥膻之俗。今者满廷已覆，民国成功，凡我同胞……以除虏俗而壮观瞻。"最终，满、汉居民不分族别都选择了剪辫、易服，抛弃旧习。当时有报纸指出，民国建立后，政体、国体、官制、礼仪、历法、刑名、娱乐、住所的诸多变化，以服装的变化最为迅速和广泛。"新礼服兴，翎顶补服灭，剪发兴，辫子灭，盘云髻兴，堕马髻灭，爱国帽兴，瓜皮帽灭……天足兴，纤足灭，放足鞋兴，菱鞋灭。"人们的着装开始朝着简洁、实用、新颖、美观的方向发展。

辛亥革命结束了中国几千年的封建统治，以民权、平等为核心的民主主义思想取代了等级序列、伦理道德、生活方式一体化的封建体系，宣告了封建文化的解体。作为封建文化象征的章服制度也随之瓦解，在中国延续了几千年的仪礼服制彻底崩溃。从此，卫生、实用、经济、美观成为人们制作和选择服装的指导思想与准则，服饰终于进入现代文明的轨道，这是中国服装发展史上的重大变革（见图 1–9–1—1–9–3）。

图 1–9–1 近代服饰，作者：任夷。对襟衫袄是民国初年汉族男子最常见的服装。

民国初年颁布的《服制》规定：官员不分级别，都以西式大氅或燕尾服作为大礼服，裤子则为西式长裤；常服可用西装或袍褂，丧礼在臂上围黑纱；女子礼服，上装为对襟衫，下穿长裙。此种服制打破

图 1-9-2 民国初年服饰，作者：任夷。普通人家的姑娘留着一条或者两条长辫子，穿着蓝士林或小花布料、稍裸露手足的衣裤，体现出民国之初青年女性纯朴、清新、追求自由的风韵。

图 1-9-3 陕北汉族女子服饰，作者：任夷。北方汉族服饰质地厚实，色彩深艳，样式宽大。妇女多穿右衽短袄，并喜欢在胸前扎条深色绣花围裙。

图 1-9-4 文明新装，作者：任夷。20 世纪初至 20 年代以前，女装仍然保持上衣下裙的形制。民国初，留日学生甚多，受日本女装的影响，青年妇女多穿窄而修长的高领衫袄，下穿黑色长裙，上面不施绣纹，衣衫也比较朴素，且不带任何首饰，时称“文明新装”。

等级界限，不分尊卑贵贱，在生活权利的平等方面起了表率作用。

在中国的 19 世纪末，穿洋装还是冒人言之大不韪的事，若有人提倡“易西服”，这无异是以夷变夏，为世俗所不容。当中国最早赴美留学的幼童，因为辫子受到美国孩子的嘲笑而纷纷剪辫易服时（1881 年），政府曾因此而下令将赴美留学生撤回中国，可见穿西装被看成是不可容忍的事。有资料载，当时某驻英公使为御风寒，披了一件洋外衣，竟然遭到弹劾。然而，不管是禁令还是弹劾，都挡不住正在发生的变化，特别是军队服装的变革。1904 年，归国的留日学生从实战出发，建议军队剪掉辫子，各报刊纷纷予以宣传鼓动。至 1905 年，出洋考察的人员中有一半剪掉了辫子，其中有翰林、道府、教员、武员等。1906 年，新编陆军为便于戴军帽，带头剪掉辫子，一时“军界中纷纷落发辫者不可胜数”。此后，从军营到市井乃至乡村，相互促动，剪辫子穿洋装的风潮已经不可抑制。

民国曾以国家法制形式通令改革服装，民众的穿着打扮不再受传统观念和体制的约束，从此进入自由穿着的时代。上海是首批开放的商埠，民国以后就开始流行洋服、洋伞、洋鞋、洋帽，女装更是引领服饰中的新潮流。高领、短袄、凸乳、细腰、长裙是上海女郎追逐的时髦装束。西装、大衣、礼帽、革履、手杖、夹鼻眼镜等都是男装的时尚之物，服饰西洋化成为各阶层追逐的新时尚（见图 1–9–4—1–9–5）。

图 1–9–5 着窄而修长衫袄、下穿长裤、裹小脚的南方人。意大利传教士南怀谦摄。

1. 辛亥革命后的主要服饰

（1）中山装

在西洋装盛行之际，也有人提出西服不符合中国人生活方式。使西服平民化，尊重中国人的穿着习惯是推进服装改革的关键。在当时提倡国货的口号下，西洋服饰中国化的意识增强，中山装、旗袍成为中西合璧的典型产物。

“中山装”因其为民国元勋孙中山创制而得名。辛亥革命后，孙中山从欧洲返回上海，在上海荣昌祥呢绒西服号定做衣服，要求以西服为模本，改大翻领为立翻领，门襟用 9 个扣，上下左右 4 个明袋，腰部系腰带。后又去掉腰带，设暗口袋，袋盖做成“倒山形笔架势”，纽扣改成 5 个。关于这 5 个扣，有说是象征五权宪法，也有说是表示五族共和。这一式样与欧美的西服有明显的不同，突出表现在关闭式的立领、纽扣直线排列均匀、背有缝、腰节略加收拢，穿起来收腰挺胸，庄重而干练。裤子则把传统的连裆裤改为前后两片组合，腰围有折裥，侧面和臀部有口袋，裤脚带卷口。这就是现在中山装的原初样式。

图 1-9-6 中山装，作者：任夷。

由于这一服装的样式结构合理，穿着自然舒服，加之孙中山先生亲自带头穿着，使之很快流行开来。20 年代末，民国政府重新颁布《民国服制条例》时，中山装被确定为礼服。时至今日，中山装依然是中国人喜爱的国服样式（见图 1-9-6）。

（2）文明新装

20 世纪 20 年代以前，妇女服装和清代的服装没有多大区别，仍保持上衣下裳的形制，大袖、长摆、百褶裙，外形呈 H 型。后受西方服饰影响，服装款式逐渐变得丰富起来。如上衣腰身变得比较窄小，领子竖得很高或缩得很低，袖长不过肘，下摆制成弧形；裙子也有所缩短，裙褶完全取消而任其自然下垂，不施绣纹，衣衫朴素、

图 1-9-7 女学生装，作者：任夷。1919 年的“五四”爱国运动前后，从北京到南京，从湘江到海河，女学生们大都是上身穿白色偏襟中式短衫，下身着长到膝下两三寸的黑色百褶裙，梳着齐耳短发。清纯大方、朴素自然，展示出蓬勃向上的精神风貌。

图 1-9-8 男学生装，作者：任夷。梳分头、戴鸭舌帽或白色帆布阔边帽；上装样式为立领，胸前一个明袋，正面下方左右各缀一个暗袋或明袋；下穿长裤，脚着皮鞋或布鞋。

图 1-9-9 1920 年代女装，作者：任夷。1920 年代，受西方生活方式的影响，服装日趋华丽。人们将衣服裁制得能充分表现女性的曲线美。窄腰，领小而低，袖长不过肘，衣摆呈弧形，领、袖、襟、摆等各部位缘以不同花边。裙褶完全取消而任其自然下垂。

首饰绝迹，时称“文明新装”（见图 1–9–7—1–9–9）。

(3) 旗袍

旗袍源自北方蒙古游牧民族的袍服，清代满族妇女继承了这一形制。此时的旗袍宽宽大大，长至脚踝，后来经过逐步改进，成为民国初年女性的流行服式：如从长袖变中袖、短袖乃至无袖；从无领到有领，再到高高耸起的衣领；从长至脚踝的裙子到缩短至小腿、膝盖，甚至大腿的超短裙；从肥大的长袍到合体的造型，收拢的腰身衬起高高的胸脯，显现出女性的曲线。这种种变化都与直筒式的旗装大异其趣。显然，民国时期的旗袍融入了西方立体剪裁的元素（见图 1–9–10—1–9–12）。

图 1–9–10　1920 年代的旗袍，作者：任夷。1920 年代旗袍开始普及，慢慢变得较为合体。其袖变短，少许收腰。饰纹、滚边变得简单。

图 1–9–11　1930 年代的旗袍，作者：任夷。这时旗袍非常盛行，变化主要集中在领、袖及摆的长度上。先是流行高领，越高越时髦，即使盛夏薄如蝉翼的旗袍也必须配上高耸的硬领；渐而又流行低领，领子越低越摩登，直至没有领子。袖与袍的长度也不断变化，时长时短。

图 1–9–12　1940 年代的旗袍，作者：任夷。1940 年代是表现人体美的旗袍时代，它经历了从直线的平面结构样式到立体造型结构样式的发展过程，这时的旗袍可与当时的国际服装潮流相接轨，堪称女装中的国服。

自传统服饰制度建立以来，中国妇女服装的裁剪方法一直采用直线，胸、肩、腰、臀均呈平直状，没有曲线的变化。1920 年代，中国妇女在西方服饰文化的影响下，发现了女性的曲线美，逐渐改变了某些传统习惯，开始将服装制成适合人体自然形态的形状。可以说，1920 年代的服饰变化是中国服饰文化上的一次革命，是中国走向现代服饰文化的一个开端，也是传统的汉民族服饰文化吸收与借鉴外来文明，从而建立新的服饰文化的开端。

1930 年代，受西方服饰的影响，旗袍已经脱离了原来的形制，其式样变化主要集中在领、袖及摆的长度上。1940 年代起，旗袍趋于取消袖子（指夏装），降低领高，并省去了烦琐的装饰而更加轻便适体；同时更加注重凸显女性的身材曲线，更具现代特征。

（4）长袍马褂

男子服装除上流社会开始流行西装外，其余没有太大变化，基本保持清末的服饰样式。长袍、马褂、瓜皮帽，或是长衫、西裤、礼帽、皮靴加上长围巾，成为这个时期男子的主要服饰（见图 1–9–13、1–9–14）。

图 1–9–13 长袍马褂，作者：任夷。

图 1–9–14 近代男装，作者：任夷。

辛亥革命废除帝制，废弃了千百年来以衣冠“招名分、辨等威”的封建传统。这时期的男子礼服，西装革履与长衫马褂并行不悖。礼帽为圆顶，下施宽阔帽檐。用作礼服的马褂、长衫，其款式质料、颜色及尺寸等都遵循一定的模式。如马褂一般都用黑色的丝麻棉毛织品，对襟窄袖、衣长至腹，前襟钉纽扣五粒。长衫则用蓝色，大襟右衽，长至踝上二寸，左右开衩。用作便服的马褂、长衫，颜色可以不拘。初春或深秋，则在长衫外加着一件马甲以代马褂；下着中式裤，裤脚用缎带系扎；脚穿布鞋或棉鞋。

(5) 列宁装、工装、军装

1949 年新中国的成立，标志着旧的生活方式的结束，服装首当其冲，也发生了巨大变化。20 世纪 50 年代至 60 年代前期，是一个新旧观念交替、生产得到发展、生活逐渐安定的时期。国家提倡向苏联学习，提出“劳动光荣”的口号。本着经济、实用、美观的原则，人们开始崇尚列宁装、工人装，服装的实用性得到了重视，而传统民族服饰文化的审美价值观则被否定。传统渐渐被遗忘，人们感受着新生活带来的幸福与快乐，憎恨一切旧的东西，旧的世界被推翻、砸烂，人们憧憬着建设一个新世界。在这种价值观念的支配下，实用、简洁、质朴的衣着观念渗透到人们的日常生活之中，整洁美观、朴实无华的大众化和平民化服装成了这一时期的流行装束（见图 1-9-15—1-9-17）。

20 世纪 60 年代中期至 20 世纪 70 年代后期，史无前例的“文化大革命”的激流，涤荡一切，桎梏着人的思想。服饰于此时统一在一种模式之中，每个人都穿着无色彩、无纹饰、无个性、无性别的服饰，政治因素扭曲了人们的审美心理，使服饰又一次成为政治风云变幻的牺牲品。这里值得指出的是，近代以来，中国历史上的历次政治动荡，都对传统文化，包括传统服饰文化的冲击极大，从“五四”运动到“文化大革命”无一例外，值得人们深思。

20 世纪 80 年代后期，人们又一次从政治运动的禁锢中解放出来，社会走向开放，中国的民族服饰文化又一次向西方文化敞开了更广阔的胸怀，同时表现出高度的包容性：一方面服饰文化向国际化跨出了一大步，而另一方面却更加疏远了自己的传统，对今人来说，我们的传统服饰已变得越来越陌生了。改

图 1-9-15 1950 年代服饰，作者：任夷。1950 年代开始，中山装占据了城市男服的主流。简朴的女装也流行开来。伴随着我国三年经济恢复时期开展的“土地革命”“三反”“五反”等运动，加之在第一个五年计划期间，我国从经济到文化全盘向苏联学习，因此，黑、蓝、灰等色的双排扣“列宁装”在城乡随处可见。人们把白衬衣领子翻在外面，戴着将头发掖在里面的制服帽。

图 1-9-16 1950 年代服饰，作者：任夷。1950 年代与列宁装一起流行的还有工装裤。因为劳动人民不再受欺压，而是翻身当家做了新中国的主人。因此人们喜着背带式工装裤，可以说这与当时崇尚劳动、尊重劳动人民的思想是分不开的。

图 1-9-17 文革服饰，作者：任夷。1966 年“文化大革命”爆发，在极“左”意识的笼罩下，中国人的精神生活、文化生活几乎一片荒芜，绿军装、蓝制服一统天下。

革开放带来了一个新的时代，观念的更新、文化的繁荣、经济的高速发展，都为服装多样化提供了很好的条件，从西服热到运动装热；从时尚运动装到户外运动装；从牛仔裤到紧身裤再到大裆裤；从高跟鞋、运动鞋再到轻便鞋；从露脐装到内衣外穿再到中性潮流，流行之快令我们目不暇接、始料不及。衣着打扮紧跟时尚成为一种新的价值观，深入到人们的日常生活当中。然而，立足中国文化，回首我们走过的路，面对近一百年的历史，服饰文化没有了自己的民族精神是那么地遗憾与令人不安。强势外来文化的冲击使我们在不知不觉中遗忘了我们优秀的传统服饰文化。今天，服装品牌的竞争让我们清醒地意识到民族文化的重要性，我们需要时刻立足传统，用现代的思维方式去探索、挖掘和吸收，并传承我们的传统服饰文化，这也是每个服饰设计人员的历史责任。

2. 区域性服饰

服装因适应自然环境的需要而产生。影响区域性服饰形成的主要因素有以下几个方面：①地理、气候条件对服饰的影响是最直接，也是首要的。由地理、气候条件所决定的区域性综合因素，直接决定了此地区服饰的物性特质、款式特点与风格样态。②生产活动及生活方式也会对人们的服装产生影响，不同的生产活动及生活方式造成不同的社会群体及民族，服饰自然就成为识别这些不同群体与民族的符号。③国家或社会的政治导向与体制也会影响人们的穿着，任何一种流行文化都是在一定的社会政治、文化背景下产生、发展的。④服饰也是社会经济水平与文明程度的重要标志。社会生产力的发展与科学技术的进

图 1-9-18 陕北地区汉族男服，作者：任夷。陕北地区干旱少雨而多风沙，男子多扎白色头巾以防风沙，并着对襟衫、内穿红兜兜，有着强烈的地域性特点。

图 1-9-19 江南水乡妇女日常装束，作者：任夷。身穿蓝布短衫，式样为大襟、右衽，领、襟、袖均用白布镶作缘边。下穿蓝印花布拼裆短脚裤，裤长仅及膝下数厘米。腰束短裙和短腰头。短裙的腰际折细裥，腰头束在裙外，也由两色相拼。腰头的两边还有特别的两块“穿腰”，呈长方形，绣有饰纹。小腿部束有护腿。这种装束与地方风俗及实用功能不可分割。

图 1-9-20 福建惠安地区汉族女子服饰，作者：任夷。裹头巾、戴斗笠，上衣窄小、短至肚脐，裤脚特别肥大，行走时像裙子摆动。人们戏称这种装束为“封建头、文明肚、节约衣、浪费裤”。

步，丰富了服饰的种类，加快了服饰的流行与更新进程。总之，区域性服饰的形成，受到自然环境、生产生活方式、社会环境、经济及科技水平等各方 面的影响（见图 1-9-18—1-9-20）。

综观中华几千年的服饰变迁，它所积淀的文化内蕴博大精深——周公制礼，衣裳垂而天下治；战国赵武灵王的胡服骑射，将服饰实用功能的重要性等同于国力；汉朝丝绸之路的开通，带来国家经济的繁荣，奴婢侍从的服饰也“文组彩牒，锦绣绮纨”；魏晋南北朝的民族大迁徙、大融合，使得服饰充满异域风情；隋唐的繁华盛世，造就了开放自由的服饰文化；宋朝文治，精致的生活与内敛的服饰审美成为人们追求的时尚；清朝虽是满族执政，但在与历史悠久的汉文化的碰撞、融合中，其服饰工艺所承载的丰富的文化内蕴前所未有……一步一个脚印，中华民族传统服饰在漫长的岁月里逐渐形成了独特的风格与服饰语言，古老中国的历史沧桑也浓缩在服饰文化中，而服饰文化的丰富多彩则以它特有的具象形态尽显中华文明的多姿与精彩。

思考题：

用图文说明民国初期的服饰突变表现在哪些方面。

第二部分

传统服饰中的文化符号

教学重点

从传统服饰的形态中挖掘具有文化内涵的服饰符号语言

人类虽同处一个地球，但由于地理、气候的不同，逐渐形成了形形色色、风采各具的生活与文化圈。服饰作为各自文化的载体，内含着不同历史文化的与风格特色。中国作为地球上最古老的国家之一，其伟大的发明与卓越的文化为世界做出了巨大的贡献。作为文明重要组成部分的服装，中国传统服饰以其独特的文化符号语言表现出特有的东方神韵，承载着“衣冠大国，礼仪之邦”的美誉，为世人所瞩目 。

第一章

传统服饰中的礼制

“发乎情，止乎礼”是中国封建社会穿衣的准则。古中国的管理模式，既非法制，也非人治，而是礼法互渗，是礼制与法制相结合的综合体。一方面，礼制是德治梦想的具体化——通过礼仪定式与礼制来规范人们的行为，进而塑造人们的思想；另一方面，古人通过法制的手段来维护礼法的绝对权威。

《后汉书·舆服志》载：“夫礼服之兴也，所以报功章德，尊仁尚贤。故礼尊尊贵贵，不得相逾，所以为礼也，非其人不得服其服，所以顺礼也。顺则上下有序，德薄者退，德盛者缛。”这段话道出了礼之重要，封建社会认为必须尊卑有序，才能保障社会的稳定，如果僭越就会乱了法度。因此，各朝各代都遵循一定的原则。如果规定不合理或是执行不严格，将意味着政权的动摇。北魏政权的主人虽为鲜卑族，传统汉服的冠冕衣裳依然能够流传，就是传统的礼法观念在起作用。因为缺少它们，就不能称其为正统的封建王朝。清王朝尽管也努力想制定一套不沿袭汉族传统服饰形制的制度，但终究抵不过千年传承下来的礼制文化，统治者清楚地认识到，否定汉文化就是否定统治者自身。从清王朝制定的“十从十不从”中，就可以窥视出他们在服饰制度上的矛盾与困惑。也因此，我国传统服饰的发展虽经历朝历代以及各民族间的不断激荡、吸纳、融合，礼法互渗的服饰文化精神却代代相传，其形态也在这一过程中更加丰富、多样化，最终成就了独特的中华服饰文化景观。

著名史学大师钱穆先生认为，礼是中国传统文化的核心，中国文化是由中国士人阶层在许多个世纪中培养起来的，相当具有世界性。中国士人不管来自何方，都拥有一种共同的文化。西方人认为文化与区域相连，不同的风俗标志着不同的文化；中国人则认为风俗只能代表某一地区，只有礼才是整个中国人世界里一切习俗行为的准则，标志着中华文化的特殊性，而中国传统服饰异于西方服饰之处也在于此。

从一些铭文及《诗经》《周礼》等的记载来看，西周时期随着土地所有制的变化，等级制度也逐步确立。与这种制度相适应，产生了完整的冠服制度，而且还专门设有“司服”一职，主要掌管服制的实施，安排帝王的衣饰。至春秋之后，萌发了封建社会制度，服饰符号的等级区分更为系统化，冠服制度被纳入礼制的范围，成为礼仪的表现形式。

春秋初期，虽然诸侯国林立，地处中原的周王朝仍本着内诸夏而外夷狄的观念而自称为“中国”。这里的中国不是现在概念上的中国，而是相对地理位置而言。“中国”境内的众多民族，特别是西方和北方的游牧民族大多仍处于非定居状态，其中一些民族不断向中原地区游徙（有因生活需要寻找食物，也有因争夺霸权而联合周边民族共同行动的），从而逐渐形成各民族、各诸侯国于不同方位长期交错杂居与争夺地盘的局面。经过 240 余年分、合、散、聚的过程，战国时又出现了不同程度的衍化。频繁的战争（据考证，差不多每年有一两次战争）使得累积的文明受到破坏。然而，新的现实需要又刺激了多方面的文化创造活动，诞生了一大批思想家，各家学者纷纷著书立说，以孔子为代表的儒家学说逐渐赢得主流与优势地位。孔子主张克己复礼，孟子则进一步阐发了孔子的仁学思想，将儒家学说发展成一套完整的“达则兼善天下，穷则独善其身”的修身理论。儒家认为，内在的“仁”必须通过外在的“礼”才有可能实现，建立礼制的出发点就在于此。服饰就是从属于礼制的一种符号与表征。

1.《周礼》《仪礼》与服饰

《周礼》又称《周官》，是儒家经典之一，主要阐述官制和政治制度，包括周王室官制和战国时代各诸侯国的制度，成书于战国时代。《仪礼》也是儒家经典之一，主要记录春秋战国时期的诸项仪礼规范、程序及相关的服饰规定，如冠、婚、丧、祭、乡、射、朝、聘等礼仪制度，其内容与细节之繁缛，几乎概括了中国汉文化仪礼制度的各个方面。概括地说，《周礼》关注的是统治集团，《仪礼》关注的则是整个社会的活动。

《周礼》是统治集团内部区分等级差异的典章制度和礼仪规定，名目繁多，有吉礼、嘉礼、凶礼、宾礼、军礼等，成为维护等级制度、防止僭越行为的工具。《周礼》中对设官分职的规定很详细，其中管理服饰的官包括司服（负责君王大礼时服饰的职官）、内司服（与司服一职并列。内，指内官，后妃居处，指负责后宫服饰的职官）。除了掌管王、后及诸侯、命妇等人服饰的官职外，《周礼》中还记有其他有关服饰的职官及其具体职责。如司裘负责“掌为大裘，以供祀天之服”；缝人即负责缝纫衣服者；染人为专门负责服装材料染色之事者；追师专管王与后等人头上的巾、冠及饰品；屦人是专门负责鞋子的官职。《周礼·春官宗伯》中的“小宗伯”之职，包括“掌衣服、车旗、宫室之赏赐”。《周礼·地官司徒》中还有负责征集服饰材料的人员，如角人专门负责征集动物骨、角、牙；羽人专门负责飞禽羽毛的采集；掌葛负责絺绤材料的采集（絺绤为葛布的通称。葛之细者曰絺，粗者曰绤）；掌染草专门负责植物染料的采集。从《周礼》所记载的官职名称与职责来看，无论是首服、衣、裳、鞋子，还是服饰材料、印染、缝制工艺，都有专人专职，侧面反映出服饰在周礼中所处的重要位置。

由于服饰在礼制中的重要地位，在《周礼》中凡是涉及典章制度的执行都会提到服饰。《周礼》中记有“享先王则衮冕”，表明在拜祭祖先这种祭祀大礼时，帝王百官皆穿隆重的礼服，并有专门掌管服制实施的司服来安排帝王百官的穿着。“王之吉则衮冕，享先公飨射则鷩冕，祀四望山川则毳冕，祭社稷五祀则絺冕，祭群小则玄冕。”诸如此类的明确规定非常复杂。王后的服饰要求也有类似规定。

除了设置掌管服饰的官职外，还设有专门的服饰管理机构与监制机构，其中“内宰”[1]就是负责掌王宫内的政令、教导嫔御、主管王后的礼仪，亦负有规范与监察宫内服饰的责任。又如，《天官冢宰》中提到“玉府”的职责：一是对国家玉器进行管理，二是为宫廷所需提供玉器。具体来说就是征集制备和政令供给。在供给方面主要是严格按照礼制所规定的要求，为天子提供政治礼仪专用之物，诸如国君头上所戴的冠冕以及服装袍带上的所有玉质的饰物；王帝与诸侯邦国进行盟会交往活动时需要的礼仪玉器；君王升天时需要提供的一切丧葬用玉器等。《周礼·秋官司寇》在礼仪与服饰方面始终强调的是“辨其位，正其等，协其礼，宾而见之”，其目的在于维护等级制度，并最终维护国家统治。

以上种种足以说明，服饰在礼制社会的重要性及其与国家社稷的关系。封建政权的确立离不开隆重仪式中服饰符号对人心的作用，秩序的建立离不开对上天、对自然的尊重。服饰作为礼仪的载体，充当着天、地、人沟通的桥梁，成为国家繁荣、社稷安定、王权威严的外在象征符号。

《仪礼》主要记载有春秋战国时期的诸项仪礼规范、程序与服饰规定。其具体内容包括：士冠礼、士婚礼、士相见礼、乡饮酒礼、乡射礼、燕礼、大射礼、聘礼、公食大夫礼、觐礼、士丧礼、既夕礼、士虞礼、特牲馈食礼、少年馈食礼，等等。每一项仪礼都有严格的服饰规定，以表达仪礼文化的不同内容。孔子曾说：“见人不可以不饰。不饰无貌，无貌不敬，不敬无礼，无礼不立。”仪礼的制定，其目的也在于维护国家社稷的安定。

下面以人的成长过程中的第一个重要仪礼——“士冠礼”所着的服饰，来阐释一下服饰与仪礼的关系。

[1]宰：在中国古代被视为百官之长。但在先秦，宰只是负责君主饮食的官员。周代时，宰则是负责国君内廷事务的官员，又称“内宰”。其职责之一，便是用阴礼（即女性应遵循的礼节）规范教导六宫女御，并负责进御于王所。

古代男子20岁时要举行成年礼，也即“冠礼”[2]。冠礼首先是改变之前的发型，在头顶扎髻，然后戴冠。这是人生礼仪中很重要的一项，标志着其社会地位的改变，因此倍受重视。《仪礼》载：“士冠礼，筮于庙门。主人（加冠者的家长）玄冠，朝服，缁带，素韠，即位于东门，西面。”这是士冠礼的前奏曲，说的是主人要先求卦占卜，选择吉日。主人应该戴黑色的冠，穿朝服（这里是指祭祀时所穿的礼服，可见其重视程度。后来“朝服”专指在朝廷议政时穿的服装），束黑带、素韠（即腹前垂下的白色蔽膝）。到了正式举行仪式前，还要准备几套服饰：爵弁服（戴爵弁、着纁裳、纯衣、缁带、韎韐）、皮弁服（戴皮弁、着素积、缁带、素韠）以及玄端。玄端以直线剪裁，用料规矩而端正，是古代礼服中最高级别的一种服装。服装用黑色以示对天的崇拜与尊重。因此在隆重的仪礼上，有身份的人一定是穿着黑色服饰，并以此作为符号语言，祈求天佑社稷，吉祥、富庶、平安。

加冠前，事先要准备好三个衣箱，分别放着缁布冠、皮弁、爵弁及冠的配套服饰。被加冠者出现在仪式上时，身着彩色衣服，略略将发束成髻，然后由长辈或乡吏为其加冠。初用缁布冠，次用皮弁，三加爵弁。三加之后，重新整发为成人的发髻，并用巾将头发罩起来，再戴冠帽。这时，20岁的男孩就算长大成人了。从冠礼的程序与服饰形态，我们可深切地感受到在礼教熏陶下的古代服饰制度的严格与繁缛。这里的“冠”，其形态、色彩所呈现的不仅是审美情趣与服饰的实用功能，更主要的是合乎仪礼需求，并以此作为礼的符号来显现人的德性、德行乃至德政。

冠礼中服饰符号所表达出的丰富的文化信息，可以帮助我们理解传统服饰符号语言所具有的独特内涵——每个人的衣着打扮，必须克制个人欲望，遵守礼制，顺应自然，符合天意。以此类推，诸如士婚礼、士相见礼、乡饮酒礼、乡射礼、燕礼、大射礼、聘礼等都有详细的仪式程序与明确的服饰规定。唐以

[2]《礼记》：“冠者，礼之始也。”中国传统文化是礼仪文化，而冠礼就是中国传统礼仪的起点。《礼记·内则》把一个人的生命划分为不同阶段，每个阶段都有不同的任务。“二十而冠，始学礼”，《礼记·冠义》篇中系统阐述了“冠礼是礼仪之始”的观念，正可谓“凡人之所以为人者，礼义也”。简单地说，举行冠礼就是要提醒行冠礼者将从家庭中毫无责任的“孺子”，正式转变为跨入社会的成年人，成为拥有孝、悌、忠、信等德行的合格的社会成员。只有这样，才可以称得上人，也才有资格去治理别人。

后，冠礼仪式中的程序虽呈减弱趋势，但服饰作为礼制的载体与符号，在王权的作用下已辐射至社会各个阶层，深入到每个人的心底。每朝每代，尽管服饰样式在不断变化，但人们在穿衣戴帽上都是按照一定的准则来执行的。

明朝与清朝宫廷服饰中的“四时服”与“五时衣”，也是由周朝随季节祭祀所用的服饰逐渐演变而来的。皇后的四季服装，从色彩到纹样都遵循取法自然的准则来设置。如春用牡丹纹样、青色装饰；夏用荷花纹样、红色装饰；秋用菊花纹样、白色装饰；冬用梅花纹样、黑色装饰。甚至连一年中的每个节气，也会有相应的服饰符号来衬托节日气氛，以表达天人合一、尊重自然的传统。明朝史料记载，农历正月初一春节，宫中穿葫芦景补子及蟒衣，帽上佩大吉葫芦、万年吉庆铎针（铎针为帽前额正中的饰物）；正月十五元宵节，穿灯

图 2–1–1 牡丹花刺绣氅衣，清。

景补子蟒衣，衣上饰灯笼纹样；三月初四清明节，穿秋千纹衣服；五月初五端午节，穿五毒艾虎补子蟒衣（五毒指蝎子、蜈蚣、蛇虺、蜂、蜮；艾虎为口衔艾叶的老虎，寓驱毒避邪的意思）；七月初七七夕节，穿鹊桥补服；八月十五中秋节，穿月兔纹衣服于宫中赏秋海棠、玉簪花；九月初九重阳节，饰重阳景菊花补子；冬至，穿阳生补子蟒衣，其纹样为童子骑绵羊，肩扛梅枝，梅枝上挂鸟笼，亦称太子绵羊图；万寿圣节（即皇帝生日），宫中穿“万万寿”“洪福齐天”纹样的衣服（见图 2-1-1—2-1-6）。

图 2-1-2 水仙花缂丝氅衣，清。

图 2-1-3 四季花刺绣旗袍，清。

图 2-1-4 时令衣，太子骑绵羊纹样，明。

图 2-1-5“万寿百事如意大吉”葫芦纹样，明。

图 2-1-6 艾虎五毒纹织锦，清。

2.《礼记》对服饰的规定

《礼记》成书于西汉，主要记录的是古代社会礼仪制度以及相关的伦理道德。其中选编了秦汉以前儒家有关各种礼仪制度论著的核心内容，包括很多关于服饰的规定。服饰方面，不仅要求遵从身份、场合、程序的规定，甚至动作表情都有严格的规范。其涉及面之广，要求之具体，区分之精细都十分惊人。

下面列举几项《礼记》中关于服饰规定的内容进行探讨。

（1）《礼记》在有关服饰的规定中，有相当大的篇幅提到如何通过服饰来表现对父母尊长的尊重。《礼记·曲礼上》规定："为人子者，父母存，冠衣不纯素。孤子当室，冠衣不纯采""父母有疾，冠者不栉（梳头）"。通过服饰色彩与装扮的视觉符号语言来传达对父母的感情。

（2）成年男子侍奉父母也有规定，其中不少内容与服饰密切相关。《礼记·内则》中记述，男子拂晓时必须起床，洗涮梳理，用缯帛包上发髻，用簪子固定好后用丝带把它束起来。戴好冠，系好带，让冠带余下的端头垂下来。穿戴上整套玄端服，扎好蔽膝，系好大带，在带里插上笏（笏在后来多作为侍臣、百官上朝时手执的记事板，这里是作为礼服中的重要配件）。另外，还要佩挂各种侍奉父母时要用的物件，如佩纷（擦拭器皿用的巾）、帨（擦手用的巾）、刀、砺、小觿（古代一种解结的锥子）、金燧（取火器），右佩玦（一种带缺口的片形玉环）、捍（古代射箭者所戴的皮质袖套）、管（笔管）等等。只有这样全部佩戴整齐，才算合符礼仪，否则就有违礼教之意。儿媳晨起侍奉公婆与丈夫的礼节基本一致，不同的是穿上玄端绡（用生丝织成的薄纱、细绢）衣，系上绅带。佩件中有装上针、线及丝绵的小囊等。

对未成年的孩子，《礼记·内则》亦要求其在鸡鸣时（即天刚刚有些亮时）就得起床盥洗，用黑帛束发，将头发梳成两个向上分开的发髻，其余头发分垂两边，下及眉际。就是说未成年的孩子连发式也要严格遵守礼教规定。至于家庭内部，"长幼有序，男女有别"的规定则更为严苛。《南齐书·刘琎传》有一段故事：南朝宋齐之际，相当于今天安徽的濉溪出了两兄弟，他们是儒家思想的忠实执行者。一天夜里，弟弟已睡下，住在隔壁的哥哥想跟弟弟聊聊，就叫了他一声，没听见回答，以为睡着了。过了很久弟弟答应了一声，哥哥有点纳闷，问:“我叫你，为什么半天才应? ”弟弟说:“听到哥哥呼唤，我马上起来穿衣束冠，只因刚才带没结好，人没站正，不敢非礼回答，所以应得晚了。”可见，当时的服饰穿戴是一个人的品行是否符合礼制的重要标志。

(3)《礼记 · 玉藻》曰:“古之君子必佩玉，右徵角，左宫羽，趋以采齐，行以肆夏，周还中规，折还中矩，进则揖之，退则扬之。然后玉锵鸣也。”徵角和宫羽是古代的音乐术语，这里形容走路时玉器相互碰撞发出的声音。玉佩只有在不快不慢、富有节奏的步伐下，其撞击才会发出悦耳动听的声音，由此提醒君子行走时要注意自己的仪容、神态、举止是否符合仪礼的要求。同时这种声音也似乎在告诉周围的人们:君子来去光明正大，玉佩的声音便是君子行动光明磊落的标志。“以玉比德”是儒家十分重要的观点,“君子无故玉不去身”。

(4)孔子说:“见人不可以不饰。不饰无貌，无貌不敬，不敬无礼，无礼不立。”古代儒家的礼教，在仪容服饰上要求很严，把衣服正不正看成是一个人能不能立足上层社会的大事。孔子的学生子路，就是这样要求自己的。子路是一个好勇、性格刚强、为人正直的人，在与敌人搏斗时，因寡不敌众，被敌人挥戈打断了结冠的缨带。冠带一断，冠马上就会掉下来。这时子路高声叫道:“君子死，冠不免! ”这传达了服饰符号比生命还要重要的信息。

(5)在古代，如遇有丧事，有关的人要按与死者关系的远近，以不同的期限服不同的丧服致以哀悼。《仪礼》五十卷中有五分之一的篇幅专讲办丧事，关于丧服就占了七卷，丧礼占三卷。丧服从重到轻，分斩衰、齐衰、大功、小功、缌麻五种丧服，合成五服。中国古代对生与死的看法是一样重要的，尤其是父母之丧。如今，仪礼的程序虽有减少，但以服饰符号转译披麻戴孝，以表达对死者的悼念的传统，依然如故。

(6)《礼记 · 坊记》中孔子说:“好德如好色，诸侯不下渔色，故君子远色以为民纪，故男女授受不亲。”这些礼教精神自然反映到服饰上。《礼记·内则》就写道:“男女不通衣”“女子出门，必拥其面”。《礼记 · 曲礼上》也记载:“男女不杂坐，不同衣架，不同巾栉，不亲授。”在《晋书·五行志》中记有魏国尚书何晏“好妇人之服”，傅玄评论他说，这样的着装颠倒了国家的秩序，是大逆不道、妖异不祥的。礼的功能是“明是非”，认为人如果不遵守礼的制约，就与禽兽没有区别。在这里，服饰作为一种符号，显示着社会生活各方面的“是”与“非”。

（7）《礼记·曲礼上》说：“冠毋免，劳毋袒，暑毋褰裳。”这句话是说不能随便摘掉帽子，不是免冠之时绝不能随意免冠；礼节中有袒衣的规定，那是表示悲痛的穿法，但是若因感觉热了，就随便解开衣服是失礼行为；天热时揭起衣裳来散热的做法也是失礼行为。“礼仪”远远重于生理上的舒适，人们在礼中生活，在礼中充实，也在礼中完善。

经夏、商至周代建立起的完整的礼仪制度，把人分为四等，即士、农、工、商，服饰作为符号标识，显现着人的身份等级。历朝历代都把服饰的“以下僭上”看作犯禁的行为，甚至会丢掉性命。据说，曹植的妻子因违反当时的规定，穿了不该穿的绣衣，被曹操看见后“还家赐死”。再如平民穿衣，不准有纹饰，称为白衣，以示区别。刘禹锡《陋室铭》中有“谈笑皆鸿儒，往来无白丁”之句，这里的白丁意指白衣的庶民。

上述服饰文化说明，礼是古代中国全民教育的核心内容，没有礼就没了一切。服饰作为一种符号，无时不在凸显着着装者的身份与修养。在礼制的作用下，服饰承载着厚重的文化蕴含，随着历史变迁而不断积淀。它一方面作为显现权威、制度、秩序、礼仪的符号而存在，另一方面又作为历史符号向世人展现着中国古老的文明与古人的聪明智慧。

传统服饰虽然受礼制的制约，但我们不能简单地认为它就是封建桎梏。人类从原始自然自在的状态发展到衣冠礼仪的有序社会，应该看作是一种进步。服饰的礼制化，实际上可看作是社会的体系化与生活的规范化，是人类历史进步的标志。秩序与规范是人类社会发展所必需的，是个性与自由的前提。儒家所提倡的礼制思想自有它生存的土壤和环境，也为封建社会统治者提供了一种可靠又可行的模式。“发乎情，止乎礼”所内蕴的智慧时至今日，又何曾过时？

第二章

传统服饰纹样中的文化符号

1. 源于自然崇拜的图形文化符号

《易・系辞上》说:“在天成象，在地成形。变化见矣。”《周易大传今注》中解释:“在天者有日月风雷云雨之象，在地者有山泽草木鸟兽之形，皆因时而变化。”人类最初对自然的认识是从感性开始的，通过生理感官接受自然中的一切信息。人们长久地面对天空所呈现的各种物象，大地上所存在的各种动或不动的物体，自然会产生思考与想象，慢慢形成了一种具有文化象征意义的图形符号语言。在没有文字之前，人们将这些符号刻画在石壁上、山洞里或是描绘在人体上、陶器上、服饰面料上，来寄托自己的思考与情感（见图 2–2–1—2–2–5）。

《周易・系辞下》载:“黄帝、尧、舜，垂衣裳而天下治，盖取乾坤。”《周易大传今注》说:“乾为天，坤为地。”由此可解释皇帝、尧、舜创制衣裳是取自乾坤两卦，其用色亦取自天、地两色。天在未明时为玄色，所以上衣像天，

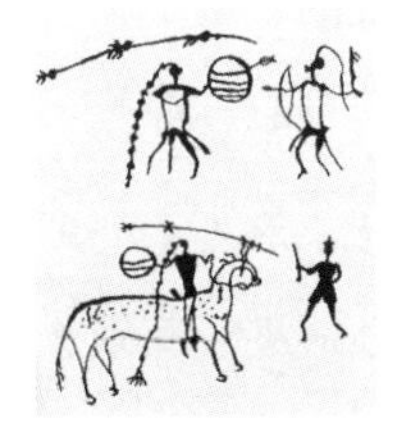
图 2–2–1 骑者，岩刻。

图 2–2–2 两情相悦，岩刻。

图 2–2–3 太阳神，岩刻。

图 2–2–4 生育女神，岩刻。

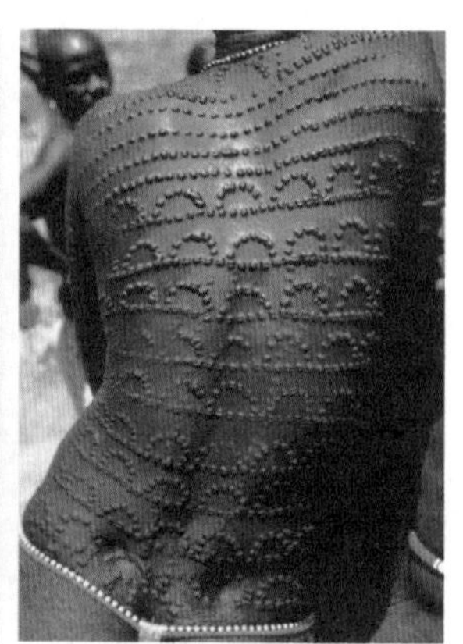

图 2-2-5 在身体上刻、纹或绘上能够区别于其他氏族的标志符号。

服用玄色；地为黄色，所以下裳像地，服色用黄。这种上衣下裳的形制，以及上玄下黄的服色符号，就源自古人对天地的崇拜，其观念中的天地自然秩序是不可动摇的，假如乾坤颠倒，则大逆不道。

从人们初期用简洁的图形纹样装饰身体开始，随着服饰的产生、发展，其纹饰的形态也从象征、抽象的符号，慢慢朝着具象写实的图形纹样发展。从先秦对天地自然崇拜的原始纹样风格；秦汉中央集权大一统后，巫术与理性精神相互融合，儒道互补所共同构成的浪漫主义纹样审美风格；魏晋南北朝多民族文化交流而形成的具有强烈异域风情的纹样风格；唐宋时服饰纹样在秦汉、魏晋南北朝的基础上进一步丰富，并融入中国人特有的思想情感和审美，祥瑞意味更加明确，花团锦簇、练鹊翱翔，体现出大唐盛世的勃勃生机。自唐代开始，植物纹样也成为服饰纹样的主要题材，并标志着以植物纹样为主体的传统汉民族服饰纹样的形成。经历了辽、金、元等少数民族的统治，明代自创立政权始，就力求恢复汉制，取法周、汉、唐、宋服制。明代是汉族统治的最后一个王朝，集汉族服饰文化精华，并将其发扬得淋漓尽致。在承袭前朝传统的基础上，服饰纹样表现出了强烈的文化性，其所注重的是“文”而不是“纹”。纹样题材上，吉祥寓意的纹样大为盛行，诸如祥瑞辟邪、福禄嘉瑞、嬉戏平安、喜庆纳祥的纹样以及吉祥祝福之词等，审美趣味也趋于世俗化。清代至康乾盛世，服饰纹样集历代之大成，有纹必有意，有意必吉祥，纹样的形态、工艺、色彩及装饰的方式均发展到了极致。综观服饰纹样的发展，可归纳出以下几类：

(1) 十二章纹样中的图形纹样符号

“日、月、星辰”属于有亮度的物象，取它们作为纹样符号是取其普照天下之意，象征天下一统。

“山”作为纹样符号，取其稳重之意，象征王者能安抚四方或为人所景仰。

“龙”作为纹样符号，取其应变，象征王者应善于变化。

“华虫”是一种华丽的雉鸟，作为纹样符号，取其文丽，表示有文章之德。

“宗彝”是古代祭祀的一种器物，通常是一对，其上分饰虎纹和蜼纹，是古代宗祠庙宇的盛酒器。作为纹样符号，是取虎之勇猛，取蜼之忠孝，象征忠、孝的美德。

“藻”即水草。作为纹样符号，取其洁净，象征冰清玉洁之意。

“火”作火字形，火焰向上。作为纹样符号，有率领百姓归附君王之意。

“粉米”作谷粒形，作为纹样符号，取其滋养，象征重视农桑，邦安国治。

“黼”为斧头形，作为纹样符号，是取其果断之意，象征做事干练果敢。

“黻”为两弓相背形，作为纹样符号，有背恶向善，明辨是非之意，象征着知错就改的美德。

总之，用这十二章图形纹样来装饰天子的仪礼服装，既包含了至善至美的帝德，同时也象征皇帝是天下的主宰（见图2-2-6）。

图 2-2-6 十二章纹，作者：全子。

(2) 十二生肖纹样

十二生肖或称十二属相，其图纹直接表现的是十二种动物，是以动物原形单独构成的图纹，除龙以外，都是地球上存在的真实动物（见图 2-2-7、2-2-8）。

十二生肖源于中国古代一种特殊的纪年法。古代数术家以十二种动物来支配十二地支，用一种动物来称呼一个地支，既形象生动又亲切，从而使人们能轻而易举地记住一年一年的顺序和名称，也就形成了用子为鼠、丑为牛、寅为虎、卯为兔、辰为龙、巳为蛇、午为马、未为羊、申为猴、酉为鸡、戌为狗、亥为猪来表达的地支生肖纪年法。这种流传至今的排列及名称被记载在《论衡·物势》和《论衡·言毒》中。十二生肖的产生，民间有许多美妙有趣的传说，这些传说亦为千百年来的民间生活增添了无限的情趣。

鼠：鼠的繁殖能力很强，在古代以农业为主的社会环境里，多子就意味着多福。在这种观念的支配下，鼠的纹样符号中被寄予了无限美好的愿望（见图 2-2-9）。

图 2-2-7 十二生肖图。

图 2-2-8 十二生肖衣袖边饰，清代，苏绣。

牛：民间视牛为神，古有“神牛望月镜”作为镇宅辟邪物。牛生性憨厚、勤劳，付出多、索取少，中国是农业大国，又因其与农事关系密切，作为纹样符号深受人们的喜爱。因牛和农业耕作关系密切，后来不仅有“鞭春牛”，又有求吉和勤作保丰的“春牛芒神图”，还有童子骑牛吹笛的“骑牛迎春图”和“新春牛田”，等等。当然，牛还是道教中太上老君的坐骑。

图 2-2-9 “老鼠嫁女”，老鼠是十二属相中的第一属，时间为子时，是新旧交替的时候。因此，老鼠嫁女的寓意为辞旧迎新，禳灾纳吉。

虎：虎为山中之王，威风八面，有生气又有气势。其作为纹样符号，为人们所喜爱，并寄予其辟邪的愿望（见图 2-2-10—2-2-12）。

兔：神话传说里，它是“月精”与月亮结下的不解之缘，隐喻爱情。兔本身形象也很可爱，作为纹样符

图 2-2-10 儿童虎头鞋，寓意辟邪纳吉。

图 2-2-11 瓦当白虎纹。

图 2-2-12 虎纹图。

图 2–2–13 龙纹图。

图 2–2–14 青龙纹。

号亦深受人们的喜爱。

龙：龙是十二生肖里唯一一种虚拟、神化的动物。它集各种动物特点于一身，作为纹样符号是汉民族图腾的表现，被寄予了无限美好的愿望（见图 2–2–13、2–2–14）。

蛇：蛇在民间有小龙之称，是四方神——青龙、白虎、朱雀、玄武中青龙的原始形态。在中华民族早期神话中，其多以神的身份出现，如中华始祖伏羲、女娲等均为人首蛇身。作为纹样符号，蛇在中国文化意识中意义非凡。

马：马具有矫健的身躯，忠实的性格，敢于冲锋陷阵，又能吃苦耐劳。作为纹样符号，也具有勤劳、踏实、勇气的涵义。

羊：《兽经》中记载，“羊，义兽也”，这说明了人们对羊的喜爱。其作为纹样符号多出现在童服上，以童话中的形象出现。从文字角度来说，古时“羊”与“祥”相通，“羊”与“阳”也谐音。“三阳开泰”是常见的纹饰，其图纹是三只羊拉车，其上坐一童子，寓意冬去春来，岁岁吉祥；还有用于岁首祝贺的图纹，多为三只羊在一起仰望太阳（见图 2–2–15）。

猴：猴属灵长类动物，其长相、动作都与人最为接近。猴的图纹多用于童服。作为吉祥物来说，猴与“侯”谐音，常见的图纹有猴往树上挂印，喻示“挂印封侯”；母猴背上小猴，喻为“辈辈封侯”。

鸡：鸡在中国农业经济六畜中位居第四。雄鸡能司晨，雌鸡能下蛋，雄鸡的羽毛又可以与孔雀媲美，是中国人理想动物凤的原形，因而鸡也被称为“凤”。加之“鸡”与“吉”有谐音关系，鸡在民间又与生殖崇拜有关，作为纹样符号多用于儿童围裙、妇女荷包以及一些垂饰件上。

图 2–2–15 三阳开泰，寓意吉祥好运接踵而来，作者：全子。

狗：中国早期神话中有“天狗吃日”（日食现象）的说法，较晚的神话中二郎神还有着一只骁勇的哮天犬。犬有忠于职守的性格，作为纹样符号也多表示相近的意蕴。

猪：猪自原始社会就被人类所圈养，为人类肉食的主要来源。在中国长期的农业经济中，猪是重要的家畜，因而很早就出现在祭祀中，与牛、羊并称为“三牲”，成为贵重的祭品。作为纹样符号，其笨拙、朴实、憨厚的形象也很讨人喜欢。

图 2–2–16 十二生肖与八卦图。

在民间，十二生肖作为纹样符号，已成为人们生活中不可缺少的一部分。综上所述不难看出，鸡司晨，狗守门，牛耕田，马驾车，兔拜月，龙、蛇治水，虎、猴镇山，猪、羊作祭祀牺牲之用等，都与人们的生活息息相关。当传统礼服上的十二章纹与文武官员服饰上的补子退出历史舞台时，十二生肖仍然保持着长久的生命力，活跃在民间（见图 2–2–16）。

以上这些源自自然形象的纹样符号图形，不管是用在官服还是民服中，其作用是一致的，都是取其寓意或谐音，以表达人们的某些愿望与期求。作为一个服装设计者，对传统服饰中服饰纹样所蕴含的文化意义进行研究是很有必要的，因为我们不仅是服装的设计者，更应是文化的传承与传播者，进而成为服饰文化的创新与创造者。

（3）补子纹样中的图形纹样符号

中国明、清两个朝代在官服上标明品级的补子纹样符号，是封建社会标志性的产物。明、清补子形状基本相似，只是补子的长宽略有不同。明代补子以素色为多，织多于绣；清代则多用彩色丝线绣补。明代补子四周只是双线绣边；清代补子却绣饰有各种花边。明代文官补子中绣的是一双（成对）禽鸟；清代补子则全绣单禽。

补子图纹与礼服上十二章纹的区别在于补子图纹全部取动物为题材。补子图纹与十二生肖中兽多、禽少的情况不同，补子中随官员的文、武之分，禽、兽各半，文官绣禽，武官绣兽；十二生肖除龙以外多为现实中的动物，而补子中却有白泽、麒麟、獬豸等传说中的多种复合型的神化动物。这一方面说明，补子的人文内容更多一些，不如十二生肖朴实；另一方面，补子比十二章纹形象的标志性意向更加明确。

文官补子绣纹

仙鹤：作为纹样符号，仙鹤代表高贵与不同凡响。仙鹤在民间被寓意为羽族的长寿鸟，称为仙禽、一品鸟。其姿态表现为长颈、素羽、丹顶。一只鹤立于水潮和山石上的图纹表示一品当朝、福山吉水；亦有日出时飞翔的仙鹤，表示指日高升；若与松树相配，则称松鹤长春、鹤寿松龄；若与龟相配，可称为龟鹤齐龄、龟鹤延年（见图 2-2-17）。

图 2-2-17 文一品官仙鹤补子，清。

锦鸡：锦鸡属珍禽。作

为纹样符号可与仙鹤类比。

孔雀：孔雀作为纹样符号可与美禽同样对待。

云雁：云雁即候鸟，它懂得以迁徙来避严寒。同时云雁飞行时排列有序，具备多种中国古人所提倡的伦理道德（人伦天性），因而作为纹样符号被人们看重（见图 2–2–19）。

白鹇：白鹇也称白雉，主要分布在中国南部，是珍贵的飞禽。作为纹样符号同样很招人喜爱（见图 2–2–20）。

鹭鸶：鹭鸶作为纹样符号，取其守节服从的习性，以喻百官的美德。

鸂鶒：鸂鶒比鸳鸯稍大，一种水鸟，它们行动起来互相关照，很有秩序，因之作为纹样符号被宫廷所接受（见图 2–2–21）。

鹌鹑："鹌"与"安"有谐音关联，鹌鹑作为纹样符号取平安、吉祥之寓意。

练鹊：俗名"绶带鸟"。其形体和羽毛都很美，只是形体很小，所以用在清代九品官的补子上。

作为武官补子的纹样标志符号，需要的是视觉冲击力，以体现军人的气质。武官补子选取的动物不是代表神力，就是象征高贵，或者是锐不可当，以此来显示着装者的威力和神圣不可侵犯的气势。

武官补子绣纹

狮子：狮子原产于非洲和亚洲西部，有"非洲霸主"之称。作为纹样符号，人们认为它能辟邪，很多大型石雕所选用的辟邪神兽，其原型都是狮子。汉以前中原人未见过狮子，后被外来使节作为贡品引入中国，因不了解它的品行，却被它的外貌所威慑，所以认为狮子比老虎凶猛，将其排在了兽的第一位。人们常以狮表吉祥祝福、官运亨通、飞黄腾达之意。常见的图纹有寿狮、镇宅狮、宝瓶狮、升降绣球狮、母子狮、团狮、卷草狮、走狮、卧狮、金爪凤顶狮等。抓着绣球的为雄狮，未抓绣球或与幼狮一起的为雌狮。

麒麟：麒麟古代传说中的一种神奇动物，神话中的瑞兽。作为纹样符号多含吉祥的寓意。

白泽：白泽亦是传说中的神兽。

虎：虎作为纹样符号与中国区域内生存着的华南虎、东北虎有关，人们熟

图 2-2-18 武官五品熊罴补子，清。

知它的习性与凶猛。

豹：豹作为纹样符号与虎的情况近似，虽说它没有更多地出现在其他传统图案中，但豹的矫健、凶勇却堪称兽中猛将。补子上多用金钱豹做纹样。

熊：熊作为纹样符号取其力大且通人性的特征，通过人为的艺术创作使其趋向祥瑞，有维护正义的勇猛（见图 2-2-18）。

彪：彪即小虎，被认为是虎一胎所生几只中的最后一只。作为纹样符号，在描绘的小虎身上有小斑点与小花朵，看上去既威严又妩媚。

海马：海马其描绘的是一匹陆地上的马奔跑在海水里。它既不是北极数吨重的海马，也不是日本海域带有育儿袋的只有几厘米长的海马，而是奔驰在翻滚的海水之上的骏马。它作为纹样符号，用写意的方法表现了中国古人在艺术创作中的想象力。

獬豸：传说獬豸这种神兽能够分辨善恶，秉公执法。作为纹样符号，它的形象用于法官的补子上，一则表明身份，二来也是提醒着装者明辨是非与公正，带有一种鲜明的职业特征。

出土文物资料显示，补子在服饰上的装饰方式不同：明代补子，前后都用整幅，有时直接绣在衣服上；清代补子因衣服为对襟，则对开为两片。补子作为服饰纹样符号，在记载一个历史时期官级标志的同时，还为我们展现了中国文化特有的形意思维的方法。如补子上的红日与潮水显然取其意与谐音，红日意为皇帝，潮的谐音为“朝”，言下之意为“在朝为官，朝见皇帝”。补子纹样高度符号化是历史发展使然，明、清两朝服饰作为一种标识符号来显示官员的身份与品级，用补子纹样传递一种信息，是“文”而不是纹（见图 2-2-19—2-2-21）。

图 2-2-19 文四品云雁补子，清。

图 2-2-20 文五品白鹇补子，清。

图 2-2-21 文七品官鸂鶒补子，清。

2. 体现中国人思维方式的阴阳五行图形文化符号

《周易大传》中说:“一阴一阳之谓道。”也就是说，阴与阳既是矛盾对立的，又可互相转化、动态互补，这是客观规律。《周易》是一个以感悟为特色，在对事物整体把握的前提下进行辩证思考的方法论体系。这一方法论体系的起点即是它的阴、阳观念。“毫无疑问，阴阳两爻画的创造，是先人在觉察到了世间万物均具阳、阴元素矛盾的对立属性之后，对于客观事物的第一次成熟的抽象思考，也是先人辩证地开展逻辑思维活动的起点。因此，阴、阳爻画的诞生，不仅具有逻辑的意义，更具有哲学意义。‘一阴一阳之谓道’，成为整个中国哲学的主旋律，奠定了中国传统思维模式的基调。”[1]

战国末年，以邹衍为代表的阴阳家，在阴阳基础上又提出了“五行”学说。于是，以天地乾坤、太极八卦、五行五色等为主要内容的哲学思想产生了广泛的影响。对于服饰图纹来说，它一方面以一个个文化符号出现，如“两仪”图在民间被称为“阴阳鱼”，其形状像两条互相追尾的鱼，或是直接采用八卦图形作为抽象的纹样符号；另一方面，又出现了一些由八卦演绎出的卦象图形。更重要的是五行影响到中国古人对色彩应用的独特理解，进而影响到对服饰颜色的崇贬与更易。

阴阳五行纹样与色彩，已经不同于前文描写的直接取自天地自然形象的纹样，而是古人长期对宇宙、对整个大自然的观察分析所积淀形成的一种抽

[1] 周山:《易经新论》，辽宁教育出版社，1993 年版，第 15 页。

象符号语言。这种符号语言表达的是一种理念，一种抽象的哲理，在总结成无形的概念之后又演化成有形的符号，进而出现在人们的生活中、服饰上。

（1）阴阳八卦纹样符号

综合后世周易研究各家所释，可以这样认为，太极是宇宙本体，即老子所说的“一”。宇宙本体包括天地两仪，天地两仪呈现自然界四季现象，即春、夏、秋、冬的变化，在四象的基础上又产生出八卦。这是纯抽象的有关八卦起源的推理。

八卦纹样经考证，最初来自远古美妙的传说。在《易・系辞下》中有载：“古者包牺（伏羲）氏之王天下也，仰则观象于天，俯则观法于地，观鸟兽之文与地之宜。近取诸身，远取诸物，于是始作八卦，以通神明之德，以类万物之情。”虽说神话不是科学考证的依据，却是探索文化的最原始的线索。从这里也可以看出，我们的祖先是受大自然的启示后，用形象思维创造出了八卦符号。

八卦图形是由“—”和“– –”的抽象符号来组合的，以“—”为阳，以“– –”为阴。八卦图由太极符号和八卦符号组成，一般为八角形，中间是一个圆形的太极符号，一黑一白，一条波纹线将黑白割开，但黑中有白，白中有黑。黑代表阴，白代表阳，组成后很像两条图案化了的鱼形。围绕太极图有八卦符号，分别占据八个方位，是一个很有代表性的传统图形纹样（见图 2–2–22）。

图 2–2–22 太极八卦图。

八卦纹样符号常应用于下述几种服饰：一是民间的内衣或香包，即在香包上彩绣太极八卦图，以示天地俱在、阴阳皆有，包容一切、大吉大利。将其佩在身上相当于一个护身符。绣在贴身内衣上，既有护身的期许，也有愿吉祥如意时时伴随自己之意。二是用于童帽、童鞋、围嘴以及童服后背的装饰。因为阴阳八卦在中国人意识中可以除凶避灾，进而驱魔辟邪、趋利向吉，被认为是一种吉祥的道符，有符咒的意义。用于儿童服饰，有保佑儿童健康成长、免除人为不测的含义。三是用于京剧人物造型（见图 2-2-23—2-2-27）。

图 2-2-23 服饰内衣上的八卦图。

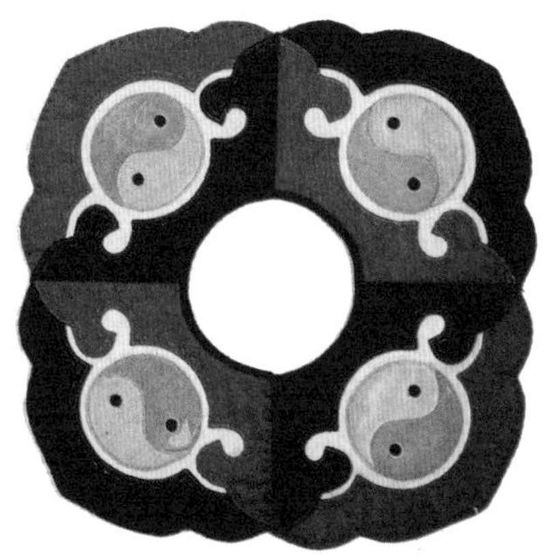

图 2-2-24 苗族贴布绣，太极纹儿童围兜。

图 2-2-25 京剧中法衣上的八卦图纹。

图 2-2-26 京剧中法衣上的八卦图纹。

图 2-2-27 刺绣挂饰八卦纹。

图 2-2-28 九阳启泰，作者：全子。

此外，亦有不直接表现太极八卦，而是通过谐音将八卦内容隐含在图案之内。如“三阳开泰”，其意为冬去春来，阴消阳长有吉亨之象。“泰”是通畅、安宁的意思，所以“三阳开泰”常被作为岁首称颂之辞。“三阳开泰”图案中一般画三只羊，再配上太阳和松树、柏树、山坡、小树、嫩草等，表达生机盎然的景象。以“羊”谐“阳”爻，变爻辞为图案，变抽象为具象，使人在满足视觉审美需求的同时，又感受到文化的更深层内涵。此外还有画九只羊的，意为“九阳启泰”(见图 2-2-28)，也是以九只羊谐《易经》中的九个阳爻。这种图案多被用在织锦上，可作为服装面料。

(2) 五行五色纹样符号

木、火、土、金、水，原是人们生活中不能缺少的五种物质，但在古中国曾作为一种认识模式存在，即通过木、火、土、金、水五种物质演绎出中国古代特有的宇宙观——“五行说”。中国古代思想家、哲学家试图用“五行说”来说明世界万物的起源、各种物质之间的关系以及它们的统一与不可分割。“五行说”的起源可以追溯至黄帝时代，而将“五行相生说”附会到社会历史变动和王朝兴替上则始于战国时代。

五行相生相克，意味着既相互促进，如木生火、火生土、土生金、金生水、水生木；又相互克制，如水克火、木克土、火克金、土克水、金克木。也即矛盾的对立统一关系。

五色指青、赤、黄、白、黑五种颜色。古代人认为这五种颜色是正色，其他都是间色。之后演变成一种指代符号，常用于生活的各个方面。

图 2–2–29 青龙、白虎、朱雀、玄武纹饰。

五行学说与传统服饰的关系，首先表现在服饰颜色的运用上，即以金、木、水、火、土五种物质相生相克和周而复始的循环变化的规律，来说明王朝兴衰更替的原因，并杜撰出黄帝为土德、夏禹为木德、商汤为金德、周文王为火德，秦汉两代又补充为秦为水德，汉为土德等五行历史观。由此得出结论，商灭夏为金克木，周灭商为火克金，秦灭周为水克火，汉灭秦为土克水。因此，后人总结为秦代尚黑，汉代尚黄（后汉尚赤）。汉代为中央集权制，所以位中，也尚黄，就源于此。

阴阳五行几乎无所不包，并有借以表现的载体或象征物。阴阳五行也与季节与方位相关联，五行与五色相配，形成丰富的纹样符号语言。如青龙与东方、木、青色有关；白虎与西方、金、白色有关；朱雀与南方、火、赤色有关；玄武（龟和蛇组成）与北方、水、黑色有关；居中的方位与土、黄色有关。既有色彩，也有图形，还有文字，这样构成的五行图纹符号，形式语言就显得更加丰富（见图 2–2–29）。

五色也作用于天子祭祀服饰颜色，一方面是源于阴阳五行学说，一方面也体现与天时、地理、人事的必然联系。这样的附会既是一种天人感应的意识，也是古人天人合一观念的体现。

3. 寄寓人们心中美好愿望的吉祥图形文化符号

吉祥纹样至中国明代开始出现规范化趋势，它不同于十二章纹样与补子纹样之处，在于它们的构图形式不是以单件器物或单个动物构成，而是经过世代传承，约定俗成，积淀成一定模式的组合型构图样式。吉祥纹样多以数种物象组合在一起，可以不假语言而传递文化信息。如福在眼前、四方如意、和和满满、天长地久、鸳鸯富贵、麒麟送子、五福捧寿、平升三级等，都是借助显性符号来表达隐性的文化意味。总之，传统吉祥纹样主要采用组合型图像表达抽象概念，或取其谐音，或象形取意，以物寄情，来表达某种愿望，成为纹样中具典型中国文化特色的外显符号（见图 2-2-30—2-2-42）。

据考古发现，早在春秋战国之际，楚国就出现了具有吉祥含义的织物纹饰。战国七雄之一的楚国，当时正处于楚文化鼎盛时期，织绣业进入发展的高

图 2-2-30 福在眼前（由铜钱、蝴蝶构成的纹样），刺绣童鞋。

图 2-2-31 五子登科图，清，沈庆兰。

图 2-2-32 麒麟送子图。

图 2-2-33 连年有余图。

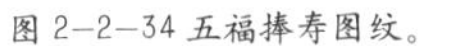

图 2–2–34 五福捧寿图纹。

图 2–2–35 福寿双全吉祥图纹。

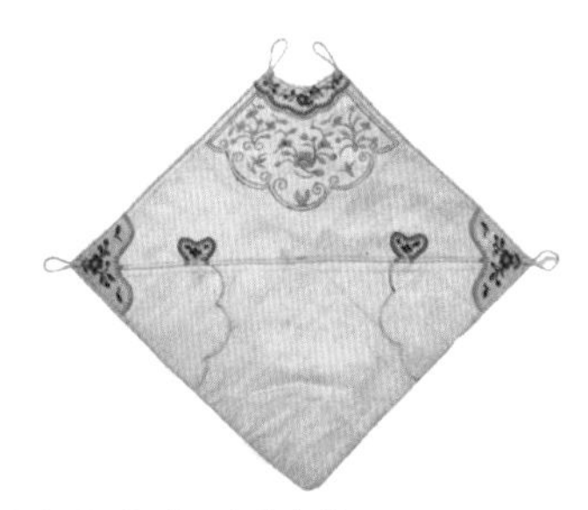

图 2–2–36 称心如意兜肚。

图 2–2–37 四方如意儿童围兜。

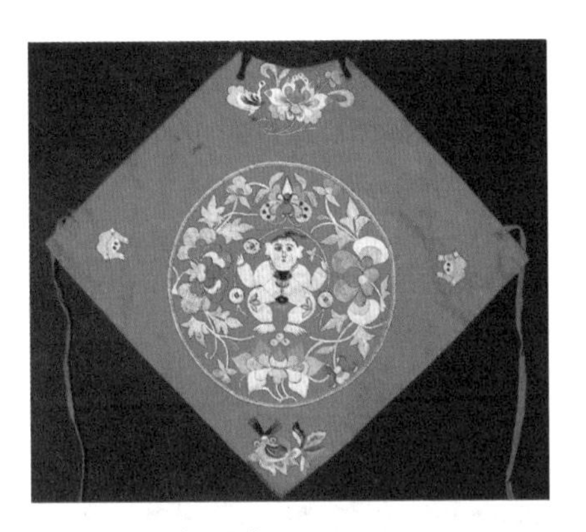

图 2–2–38 祈求多子兜肚。

图 2–2–39 凤凰来仪贴布绣纹饰。

图 2–2–40 凤戏牡丹儿童围嘴。

图 2-2-41 五毒纹兜肚，山西，寓意辟邪纳吉。

图 2-2-42 鱼纹兜肚，寓意早生贵子，吉祥祝福。

峰状态，创作出了令后世难以企及的带有原始吉祥含义的服饰图纹。楚人先民的图腾是凤，湖北江陵马山 1 号楚墓中出土的织物上的凤鸟纹、凤鸟花卉纹、凤衔龙尾纹、凤斗龙虎纹等，都是将凤置于保护神的位置。在一件绣罗禅衣上，以凤龙虎组合为一个图案单元，凤主宰着整个画面。这一高度装饰化的凤龙虎会战图是歌颂凤的，因为凤是楚人的图腾，而龙为当时吴越人的图腾，虎则为巴人的图腾。楚人的凤龙虎饰纹，显然是在歌颂本民族具有战胜一切力量并祈祝本民族兴旺发达（见图 2-2-43）。

图 2-2-43 凤龙虎纹刺绣，湖北江陵马山 1 号战国墓出土。

汉代服饰图纹中具有吉祥含义的图案有其自身的特色，不但使用文字，而且往往以文字为图纹主题。如新疆古丝绸之路上出土的几种汉锦，就织有“万年益寿”“万事如意”“长乐明光”“云昌万事宜子孙”等文字，以表达长生不老、多子多孙、万事昌盛、吉祥如意的愿望，从侧面反映了汉代盛行的谶纬之学。关于服

图 2–2–44 “宜子孙” 纹，汉。

图 2–2–45 “延年益寿 ” 纹，汉。

饰上丝织花纹的吉祥含义，相传东汉史游《急就篇》中亦有所描述：“锦绣缦纯离云爵，乘风县钟华洞乐，豹首落寞兔双鹤，春草鸡翘凫翁濯。”这些文字向人们描绘了一幅充满吉祥寓意又洋溢着自然气息的生动的服饰图纹（见图 2–2–44—2–2–45）。

新疆阿斯塔那木约东晋时期的一座古墓，出土过一双织有“富且昌宜侯王天命延长”铭文的履，显示了古人对长寿与美好生活的期盼。

唐代服饰图纹中的吉祥纹样以花鸟、走兽题材为主，总的风格是花团锦簇、鸟兽成双，其中对鸟、对兽是突出的特点，同时融入了联珠纹、树纹等西域文化的内容。如联珠对马纹锦、花树对羊纹锦、瑞鹿团花锦等都是以直接和间接的手法表现吉祥题材。其对称符号的运用，寓意稳定、均衡、和谐（见图 2–2–46—2–2–49）。

图 2–2–46 团窠对鹅纹，唐。

从宋代开始至明代，吉祥纹样逐步

图 2 2 47 对马纹锦绣，唐。

图 2–2–48 对兽纹图。

图 2–2–49 对饮纹锦图残片，唐。

完善成熟，以一种完全规范化的面貌出现在人们生活的各个方面，是一种与西方文化完全不同的、独具特色的文化符号。这一时期的吉祥纹样中，以龙、凤为主的纹样居多，这是因为龙凤是中国人共同的图腾。龙的造型集中了各种动物的局部特征，如牛头、蛇身、鹿角、虾眼、狮鼻、驴嘴、猫耳、鹰爪、鱼尾等，构成了人们心中理想的图形符号。凤为传说中的瑞鸟，是羽禽中最美丽者，称百鸟之首。从形态上看，凤鸟是将禽类诸多特征，如鸡嘴、鸳鸯头、火鸡冠、仙鹤身、孔雀翎、鹭腿等组合而成的瑞鸟图形。人们用"龙腾云海""祥龙献瑞""双龙戏珠""丹凤朝阳""百鸟朝凤""凤戏牡丹""龙凤呈祥"等图形符号来表达心中的愿望。除此之外还有用不同的瑞兽、美禽或植物、器物作为辅助符号来彰显特定的寓意的吉祥纹样，如"金玉富贵"（金鱼、芙蓉、桂花）、"万事如意"（碗、柿子、如意）、"梅兰竹菊"（四君子，品德高尚、具有情操气节人称为君子）、"喜上眉梢"（喜鹊在梅树枝头）、"事事如意"（双柿加如意）、"好事不断"（狮子配绶带）、"狮子滚绣球"（歇后语：好事在后头）、"双凤朝阳"（两只凤凰与太阳）、"四季平安"（花瓶与四季花卉，如梅、兰、荷、菊等插入瓶中曰"四季平安"，寓意一年四季，月月幸福平安）、"福寿双全"（蝙蝠、寿桃）、"吉庆有余"（桔子、鱼）、"平升三级"（花瓶与三只戟）、"和合如意"（盒子、如意）、"吉祥如意"（大象、如意）、"连生贵子"（莲子、男孩吹笙）、"太平有象"（花瓶、大象）等，或隐喻或谐音，不胜枚举。这些正是中国人普遍的民俗文化心理，不需要用文字写在服饰上，而是隐喻在美丽巧妙的图纹中，简单朴素、大胆夸张，重点突出、对比强烈，形成了民间艺术所特有的鲜明和勃勃生机。这就是吉祥纹样的可贵与可爱之处（见图 2-2-50—2-2-61）。

下面对传统服饰纹样中其他常用的物象作简析：

图 2-2-50 龙纹，清。

图 2-2-51 龙凤呈祥纹，清。

图 2-2-52 凤纹，清。

图 2–2–53 麒麟瑞草纹，明。

图 2–2–54 罗地刺绣云龙百子女夹衣，明，北京定陵孝靖皇后棺内出土。

图 2–2–55 凤凰来仪图。

图 2–2–56 丰登图。

图 2–2–57 五谷图。

图 2—2—58 云肩（局部），隐喻女性与女阴，表达对生殖的崇拜，如与莲花相伴则意连年有余。

图 2—2—59 百花庆寿刺绣，清。

图 2—2—60 福寿三多图，隐喻子多福多寿多。天津杨柳青年画，中国艺术研究院藏。

图 2—2—61 福禄寿三寿星人物刺绣，清。

鹿：因“鹿”与“禄”谐音，所以吉祥图纹中的鹿表示福禄。鹿常与寿星组合，表示长寿多福。一百头鹿的图纹称“百禄”；鹿和蝙蝠在一起称为“福禄双全”或“福禄长久”；“鹿”和“路”亦谐音，两只鹿的图纹称“路路顺利”。“鹿”与“陆（六）”又谐音，与鹤纹的结合称为“鹿鹤同春”或“六和同春”。

龟：民间视龟为灵物，耐饥渴，寿命很长。龟的形象在纹样中应用颇广，在民俗中是长寿的象征，如“龟鹤齐龄”的吉祥图案。

大象：象谐音“相”或“祥”，是平安与地位的象征，具有富贵与祥和的寓意，常被视为吉祥嘉瑞的形象。在图像表现中，常用童子或侍女骑象持如意的图纹表示吉祥如意；用象背驮花瓶的图纹表示太平景象。

蝙蝠：蝠谐音“福”，以吉祥图纹出现时，两只蝙蝠相对的图纹表示“福寿双全”；五只相对的图纹表示“五福临门”；盒中飞出五只蝙蝠的图案为“五福和合”；一童子仰望数只飞翔的蝙蝠，或一童子捉蝙蝠的图案表示“纳福迎祥”；又有“翘盼福音”“五福平安”等组合的纹样。

蝴蝶：因“蝶”与“耋”谐音，故表示长寿。《礼记》云：“七十曰耄，八十曰耋，百岁曰期颐。”猫、牡丹与蝴蝶相配寓意“耄耋富贵”。蝶与花组合，称为“蝶恋花”，寓意爱情。

喜鹊：飞禽中喜鹊是吉祥瑞鸟。饰纹中如两只喜鹊相对，表示“喜相逢”或“双喜”；喜鹊踏梅稍表示“喜上眉梢”；喜鹊与桂圆组合表示“喜报三元”。

竹：竹虚心而有高洁的品行，四季常青。竹的图案广泛运用于生活中，如松、竹、梅组合的图纹谓之“岁寒三友”；松、竹、梅、月和水的图纹称“五清图”；松、竹、萱草、兰花、寿石的图纹组合称“五瑞图”。竹还谐音“祝”，吉祥图纹“华封三祝”，就是竹子和其他两种花草或两只小鸟的图纹。

桃：桃在民俗中为延年益寿之物，又称仙桃、寿桃，因此，凡祝寿的主题离不开桃，如多只蝙蝠和桃构成的图纹表示“多福多寿”（见图 2-2-62、2-2-63）；蝙蝠、桃和两枚古钱的图纹表示“福寿双全”；桂花和桃构成的图纹称“贵寿无极”。

石榴：石榴作为吉祥物是多子多福的象征，如“榴开百子”；佛手、桃、石

图 2-2-62 子孙满堂纹，寓意福寿双全。

图 2-2-63 五福捧寿图。

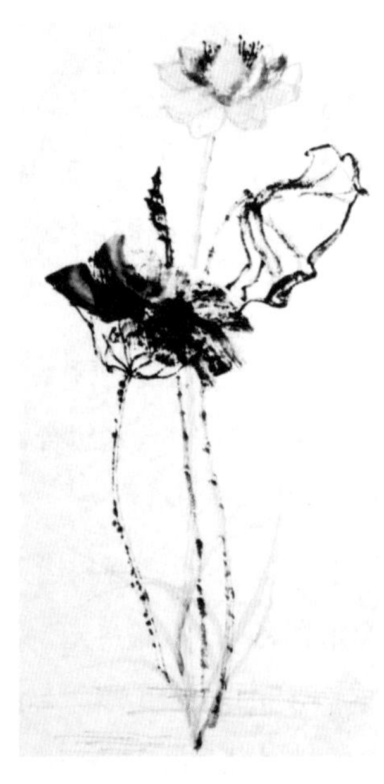
图 2-2-64 一品清廉图，作者：全子。

榴组合谓之“华封三祝”。

梅：梅的品格具有四德：出生为元，开花如亨，结子为利，成熟为贞；又因梅花五瓣，象征五福，即快乐、幸福、长寿、顺利、和平。因而，传统吉祥纹样中常见梅的图形。

荷（莲）花：荷（莲）花与佛教关系密切，佛座称“莲台”，佛寺称“莲宇”，僧人所居为“莲房”，袈裟称“莲花衣”，莲花形的佛龛称“莲龛”。佛教中的“莲花三喻”指的是“为莲故华”“华开现莲”“华落莲成”，比喻发展和兴盛。民间图纹中的荷花象征“出淤泥而不染”的高尚品格，“一品清廉”寓意居高位而不贪，公正廉洁（见图 2-2-64）；与鱼组合为“连年有余”。

牡丹：牡丹世称富贵花、花王，所谓国色天香。因此，牡丹常被用作吉祥图饰的重要题材，如“官具一品”“富贵长春”“孔雀回头看牡丹”等；除此之外，牡丹、寿石和桃花组合谓之“长命富贵”，牡丹和水仙组合表示“神仙富贵”，牡丹和十个古钱组合表示“十全富贵”。

月季：由于月季四季常开，故特别受人喜爱。在图纹中以月季为题材，一则象征四季，二则象征长盛不衰，如花瓶中插月季花，寓意“四季平安”；南瓜、月季寓意“天地长春”；白头翁鸟栖寿石旁的月季上，寓意“长春白头”；葫芦和月季组合寓意“福禄连绵”。

葫芦：葫芦为藤本植物，藤蔓绵延，果实累累，籽粒繁多，故被视为祈求子孙万代的吉祥物。因此，葫芦的蔓上结有数个葫芦的图案称“子孙万代”。

鱼：鱼作为吉祥物，大都因其谐音而来，如“余”“玉”。其形象以鲤鱼、金鱼为贵。如莲花与鱼的图纹组合表示“连年有余”，两条鱼为“双鱼吉庆”，将鱼鳞绘成花纹状称为“鱼鳞锦”，金鱼的图纹叫“金玉满堂”，还有“鱼跃龙门”等。

宝相花：宝相花饰纹一般以牡丹、莲花为主体，中间镶嵌形状不同、大小粗细有别的其他花叶。其花蕊和花的基部，用圆形做规则排列，恰似闪闪发光的珠宝。再加上多层次晕色，更显得珠光宝气、富丽华贵，故称“宝相花”。

缠枝纹：缠枝纹是源自西域的一种纹样，以花草为基础穿插交错而成。缠枝纹的原型是各种藤萝和卷草，诸如常青藤、紫藤、金银花、爬山虎、葡萄等。这些植物的共同特点是枝干细软、细叶卷曲、藤蔓绵延不绝。以其为图纹则寓意连绵不断、生生不息，千古不绝、万代绵长。常见有缠枝莲花、缠枝菊花、缠枝葡萄、缠枝石榴、缠枝葫芦等。

盘常（八吉祥）：盘常俗称“八吉”，象征连绵永续、长久不断，虽列为佛门八宝（法螺、法轮、宝伞、白盖、莲花、宝瓶、金鱼、盘常）之末，但它却代表着佛门八宝的全体。按佛家解释，盘常为“回环贯彻，一切通明”，本身含有“事事顺、路路通”的意思。其图纹本身盘曲连接、无头无尾、无休无止，具延绵不断的连续感，因而被民众取做吉祥符，寓意富贵不断、世代绵延、福禄承袭、财富源源不断等。爱情之树的常青，也可以用它来表达和象征。

方胜：方胜即方形的彩胜。方胜本为古代妇女的一种首饰，以彩绸等为之，由两个菱形部分重叠相连而成。后也泛指这种形状的图纹或花样，并被赋予了“同心双合，彼此相通”的吉祥含义。

如意：如意不仅以实物的形式出现，且形意相结合，应用十分广泛。常见的有“吉祥如意”“和合如意”“四方如意”等图纹（见图 2–2–65）。

图 2–2–65 万年如意图，明，绢本笔绘。此图中为一对执仙杖童子，他们双手各举一仙杖，杖头挂鲶鱼、如意与万字符，对面另一童子与此相同。万、鲇，取其谐音组成“万年”。

古钱：古钱是古代的铸币，象征财富；又因其外缘圆而内孔方，贪财常被形容为“钻进钱眼里”。古钱与蝙蝠图纹叫“福在眼前”；古钱与喜字组合谓之“喜在眼前”；“金玉满堂”则为古树枝上挂满古钱。钱，古称

图 2-2-66 四方如意，平升三级图。

图 2-2-67 平升三级图，作者：全子。

“泉”，与“全”同音，因此蝙蝠衔着用绳穿起来的两枚古钱，称“福寿双全”。

瓶：瓶与“平”谐音，取“平安”之意。如瓶中插如意则表示“平安如意”；花瓶中插入三枝戟，旁边配上芦笙，叫作“平升三级”（见图 2-2-66、2-2-67）；花瓶中插玉兰花或海棠花称“玉堂和平”。

八仙：“明八仙”绘出的是八位仙人的图像；亦有“暗八仙”，绘出的是八位仙人随身的器物的造型。传说中，李铁拐的宝物药葫芦可吸尽大海之水；听了张果老的宝物鱼鼓的声音可以了解前生后世的事情；听了曹国舅的宝物阴阳板的声音可以起死回生；何仙姑的宝物荷花，可做法宝使人复生和长生不老；汉钟离的宝物芭蕉扇，可避大风大雨；吕洞宾的宝物宝剑，每遇到妖怪可自动出鞘除妖；韩湘子的宝物花篮，配以仙桃，可使人长寿；蓝采和的宝物笛子，又叫顺风笛，可顺风千里找知音。

双喜：双喜的图纹为“囍”，是用文字构成的装饰图纹，用来表达欢庆喜悦，多用于新婚嫁娶。

寿：“寿”本是一个汉字，因长寿是人类不舍的追求，所以“寿”字作为吉祥纹饰长盛不衰。据不完全统计，“寿”字的写法有 300 种之多，常见的有百寿图；万字符和寿字组成的万寿图；如意与寿字组成如意万寿图；蝙蝠和寿字组成多福多寿、五福捧寿等图纹（见图 2-2-68）。

图 2–2–68 寿字纹，明。

卍："卍"（音"万"）本不是汉字，而是梵文，原为古代的一种符咒、符护和宗教的标志，被认为是太阳或者火的象征。这种标志旧时译为"吉祥海云相"，是吉祥与幸福的象征之一。

祥云：云为常见的自然现象，但在古人的观念中这种自然现象被赋予了人文色彩，被认为是祥瑞的象征，如如意云纹、灵芝云纹等。如意云的云头状似如意；流云纹由流畅的回旋形状组成，表示绵绵不断；升云纹则为流动上升状。

回：回字纹是由古代的陶器和青铜器上的雷纹演化而来的几何纹样，其意是福寿深远、吉祥绵长。回字文是以连续的回旋线条折绕组成的几何图纹，其中有圆滑的火镰纹、如意纹；有倾斜的勾连雷文，曲折排列、递连搭接，间接交替；有方正的乳丁雷文，中间凸起乳丁。回字纹有单体形式的，也有一反一正相连、成对或连续不断的二方连续纹，亦有四方连续纹。

对服装发展演变历史的学习，我们要了解的不只是它的形态、款式，更重要的是其形态所蕴藏的内涵。今天，服饰品牌的创建与竞争，关键是品牌文化的竞争。而品牌文化的竞争又关系到对本土文化的发掘与传承。从中国传统服饰文化中创造性地汲取精神食粮，是中国服饰企业、中国服饰品牌屹立于世界的保障。今天，我们正处于知识经济和数字化信息的时代，网络技术的普及使各国文化能够及时交流。而媒体的导向也必然促使人们向往与崇拜强势的异国文化，如果不被正确引导、不提升自我意识，妄自菲薄，就极有可能被他国文化同化，甚至出现文化层面的"亡国灭种"。我们必须清醒地意识到，民族的凝聚力、自信与自强，靠的就是民族文化的支撑。亚洲的日本、韩国，他们能立足于世界时装舞台，靠的就是本土文化。

近年来，中国的国际声誉在迅速提升，在各种利益的驱使下，全球时尚界迫不及待地上演着“中国风”。电影、文学、音乐、服装等都在寻找中国元素来为其产品创造更多的经济利润。我们如果不加以重视，中国文化就会成为别人创建品牌附加值的手段，被一些别有用心者误导、歪曲，甚至丑化，这是我们应该清醒地认识到的问题。认真研究与探寻中国传统服饰文化的内涵和数千年来遗留下来的精神与物质财富是很有必要的，也是必须的。

思考题：

1. 从传统服饰中找出十种纹样符号并加以解析。
2. 对传统纹样符号进行时尚化再设计并运用于服饰中。

第三部分

传统服饰的艺术性还原实践

教学重点

以“古裳今尚”的理念作为传统服饰还原实践的指导思想，在掌握传统服饰形态结构语言与制作工艺的基础上，以艺术性的服饰成品来展现研究成果。“古裳今尚”意在深入传统、萃取精髓，传承文化、彰显时尚。

第一阶段

确立研究目标

本阶段要求同学们在学习前两部分的基础上，运用设计思维艺术化地还原古代服饰形态。首先，要求同学们自由组合成小组，各自确定研究专题。然后分头出击，进行广泛的资料收集，如利用图书馆、网络、走访有关社科研究部门等。最后对资料进行合并、归纳、梳理，集体磋商确定最终的研究目标，理清研究思路，提出具体实施方案。这样既可以锻炼同学们的独立思考能力，也能锻炼他们的团队合作精神。这种教学方式比满堂灌输的教学方法更能激发同学们学习传统服饰的热情与主动性，让学生得到多方面的锻炼。

前期调研工作：
查资料、开讨论会

实地考察：
到轻纺城、碎布市场寻找、挑选布料。

评分标准

作业评分将从小组收集资料的丰富性、系统性，目标专题的明晰程度，用PPT在课堂陈述时的语言表达能力以及对小组人员分工合作的具体情况等来做综合判断。

第二阶段

确定设计方案

确定好某个朝代服饰作为研究对象后，必须从服装专业的角度，展开对服饰造型、结构、色彩、材料、纹样及其文化内涵的分析与研讨，以此加深对传统服饰的理解，感悟传统服饰的精髓，真正理解古代中国为什么会被誉为“礼仪之邦、衣冠大国”。在这一过程中，注意引导同学们用中与西、古与今的对比手法以及走访专家学者的方式展开研究。之后，展开具体的方案设计、调整与完善。

讨论研究方案

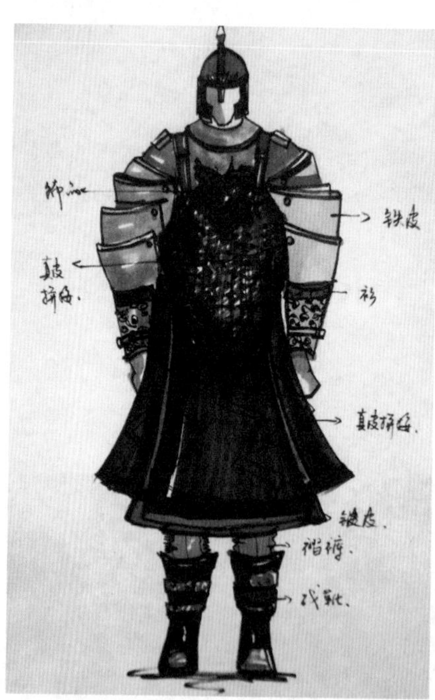

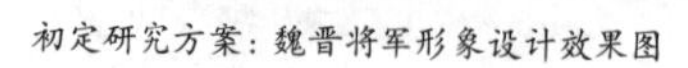

初定研究方案：魏晋将军形象设计效果图

初定研究方案：魏晋女子形象设计效果图

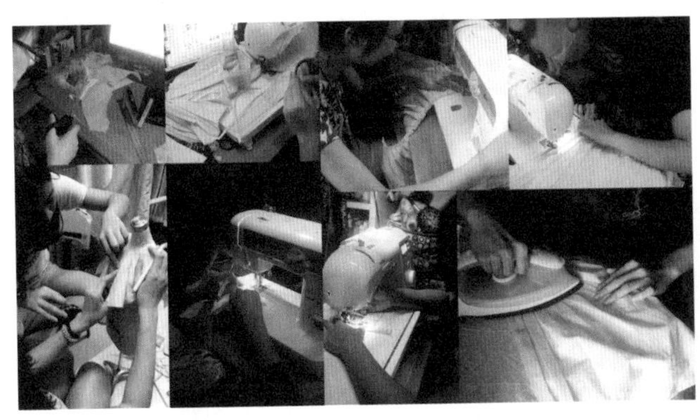

裁剪与缝制

评分标准

在小组资料收集的基础上，要求学生们整合并归纳总结出一些新思路，根据其实施方案的合理性、是否具有创意等作为作业评分的标准。

第三阶段

艺术性还原方案的实施

对传统服饰文化的学习、保护、传承、探索是本课程的宗旨，“古裳今尚”是我们课程与实践的指导思想。运用创意设计思维对传统服饰进行还原实践，艺术而又真实地还原某朝代服饰，并用动态形式展示其研究成果，是本课程的主要内容和教学目标。

艺术性还原传统服饰的实施过程，也是一个全面了解与认识传统服饰的过程。服饰成品的制作更是同学们所期待的。传统服饰的造型特点、风格样式、工艺特色、纹样样态与文化内涵等，都将深深吸引着研究者们穿越时空，感悟远逝的灿烂文化的魅力。

对传统服饰进行还原与设计的实践步骤分为：结构绘制与打板（同时包含小人台成型实验）→服饰工艺设计与制作→服饰成品的成形与展示。这个过程的具体细节将主要以图片形式来展示。

实践过程

制图→打板→裁剪→小人台成型实验→胚布制作→缝制成品→成品展示与老师讲评→服饰研究方案平面展示→最终成品展示。

评分标准

从传统服饰风格、材料、结构、工艺、纹样以及完成后的整体服饰效果来判断是否达到艺术性还原的标准。

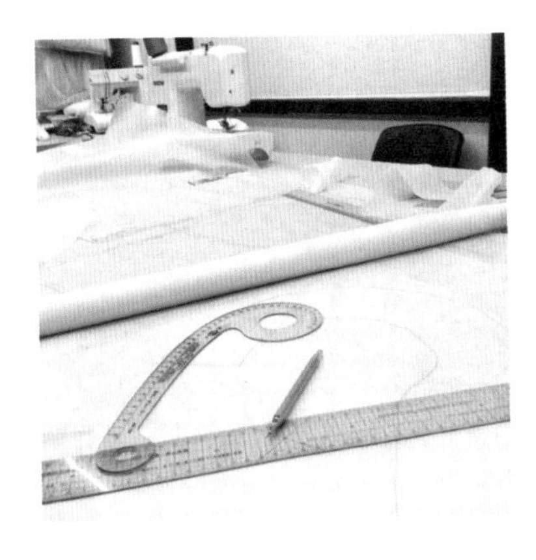

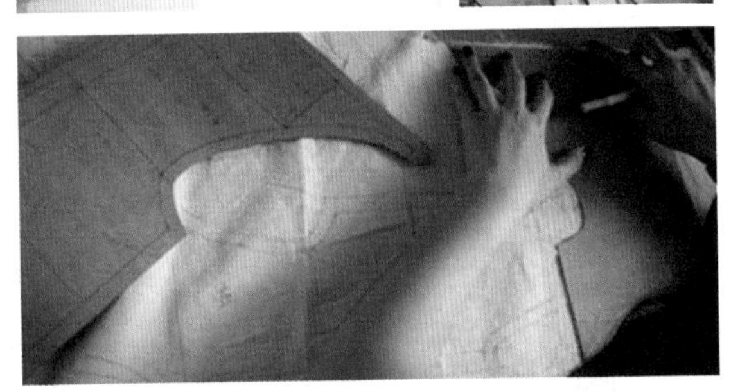

制图与打板

纸样制作

小人台成型实验

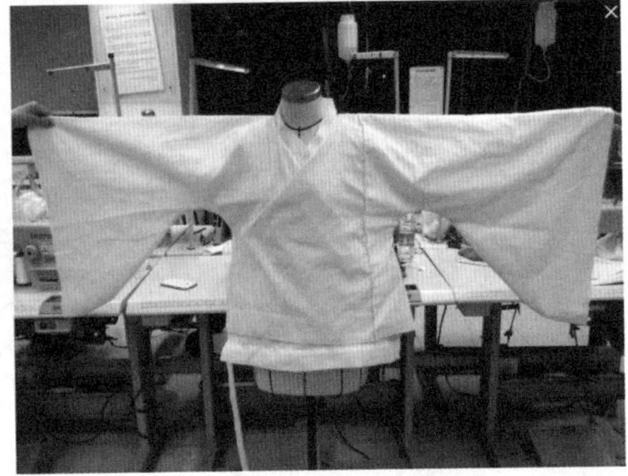

胚布制作

成品缝制（一）

成品缝制（二）：左图图片为诃子制作，右上图为首饰制作，右下图为手工挑针。

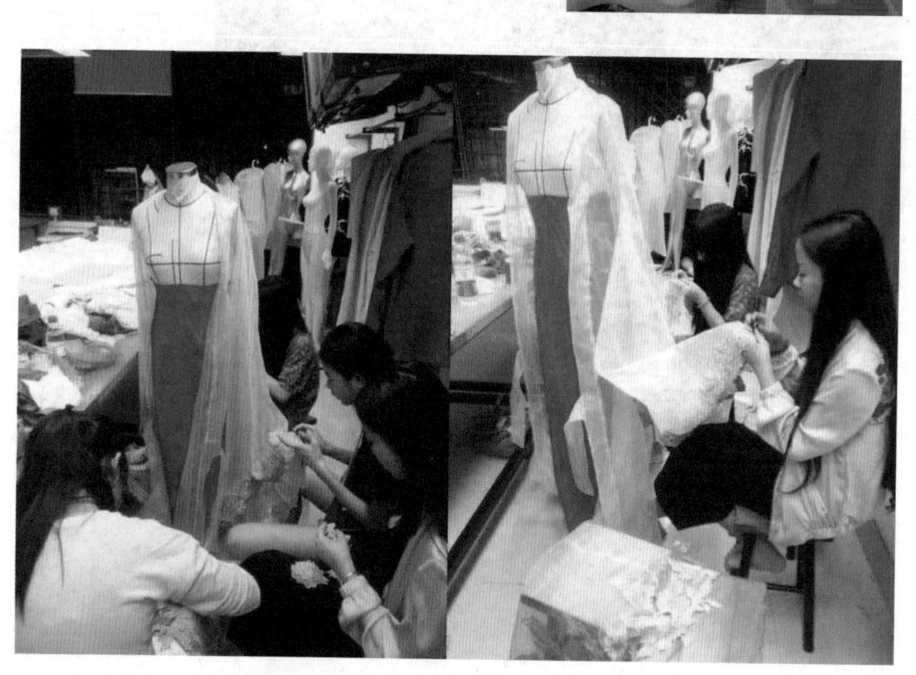

成品缝制（三）：在真丝薄罗衫子上手工钉珠。

成品缝制（四）：
贵妃云头鞋制作。

成品缝制（五）：
腰带、革带、幞头的制作。

成品展示前的准备

成品展示

老师现场点评

先秦服饰研究最终成品展示
作者：陈莉　庞斯予　刘桂华　林培霞　邓佩诗　李咏诗　潘紫薇
指导老师：任夷

汉朝服饰研究最终成品展示
作者：郑丽芝　李惠芯　廖晓梅　古灵灵　黎喜燕　黄桂莲　龚毅浈
指导老师：任夷

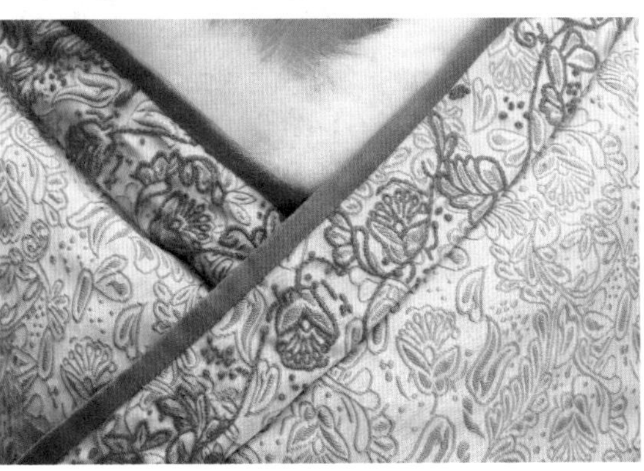

汉朝襦裙服饰研究最终成品展示
作者：吕倩
指导老师：任夷

汉朝服饰研究最终成品展示
作者：郑婷婷　苏凤静　吴晓婷　江　友　吴铱凰　郑华忠　梁碧飞　卢晓桦
指导老师：任夷

魏晋服饰研究最终成品展示
作者：萧沛玉，佘思涛，高荧荧，岑诗琪，陈嘉仪，杨优，谢雅璇
指导老师：任夷

魏晋杂裾垂髾服研究最终成品展示
作者：邹观赐
指导老师：任夷

魏晋服饰研究最终成品展示
作者：萧沛玉　佘思涛　高荧荧　岑诗琪　陈嘉仪　杨优　谢雅璇
指导老师：任夷

唐朝服饰研究最终成品展示
作者：黄小珊　佘楚楚　刘曼　陈媛玲　伍秋芳　曾翌萱
王歆怡　方佳颖
指导老师：任夷

宋朝服饰研究最终成品展示
作者：林汐娅　李嘉宝　周圓圓　陈韵琪　江逸诗
苏梓珈　黎秀如
指导老师：任夷

宋朝大袖褙子服饰研究最终成品展示
作者：张亚千
指导老师：任夷

辽金元服饰研究最终成品展示
指导老师：任夷

元朝服饰研究最终成品展示
作者：陈慧慧
指导老师：任夷

课题结束全班合影

参考书目

吕振羽:《简明中国通史》，人民出版社，1955 年。

江应梁:《中国民族史》，民族出版社，1990 年。

葛兆光:《中国思想史》，复旦大学出版社，2001 年。

沈从文 :《中国古代服饰研究》，上海书店出版，1997 年。

周锡保 :《中国古代服饰史》，中国戏剧出版社，1984 年。

〔英〕赫·乔·韦尔斯:《世界史纲》，人民出版社，1982 年。

〔美〕斯塔夫里阿诺斯:《全球通史》，上海社会科学院出版社，1992 年。

闻人军:《考工记》，巴蜀书社，1987 年。

刘文典:《淮南鸿烈集解》，中华书局，1989 年。

《中华传统文化读本 · 礼记》，吉林人民出版社。

《中华传统文化读本 · 孔子家语》，吉林人民出版社。

《中华传统文化读本 · 论语》，吉林人民出版社。

《中华传统文化读本 · 诗经》，吉林人民出版社。

《中华传统文化读本 · 老子》，吉林人民出版社。

《中华传统文化读本 · 庄子》，吉林人民出版社。

《中华传统文化读本 · 颜氏家训》吉林人民出版社。

孙机:《中国古舆服论丛》，文物出版社，1993 年。

〔英〕昂纳佛莱明编著:《世界艺术史》，范安迪译，南方出版社，2002 年。

〔英〕F. H. 贡布里希:《艺术发展史》，范景中译，天津人民美术出版社，1992 年。

黄能馥、陈娟娟编著:《中华服饰艺术源流》，高等教育出版社，1994 年。

上海戏剧学院编撰:《中国历代服饰》，学林出版社，1984 年。

彭林:《中国古代礼仪文明》，中华书局，2004 年。

王伯敏:《中国绘画史》，上海人民出版社，1982年。
黑格尔:《美学》，商务印书馆，1982年。
李泽厚:《美的历程》，文物出版社，1981年。
王朝文:《美学概论》，人民美术出版社，1981年。
李泽厚、刘纪纲:《中国美学史》，安徽文艺出版社，1999年。
李砚祖:《工艺美术概论》，吉林出版社，1991年。
马敏、张三夕:《东方文化与现代文明》，湖北人民出版社，2001年。
吴方:《中国文化史图鉴》，山西教育出版社，1992年。
龙宗鑫:《中国工艺美术简史》，陕西人民美术出版社，1985年。
缪良云主编:《中国衣经》，上海文化出版社，2000年。
王维堤:《衣冠古国》，上海古籍出版社，2001年。
崔海源、方文素:《世界军服》，上海书店出版社，2004年。
丁鼎:《仪礼·丧服考论》，社会科学文献出版社，2003。
宋俊华:《中国古代戏剧服饰研究》，广东高等教育出版社，2003年。
王辅世:《中华传统服饰》，邯郸出版社（台湾），1994年。
龙宗鑫:《中国工艺美术简史》，陕西人民美术出版社，1985年。
潘鲁生:《中国民间美术工艺学》，江苏美术出版社，1992年。
胡萧:《民间艺术的文化寻绎》，湖南美术出版社，1994年。
苏连第:《中国民间艺术》，山东教育出版社，1991年。
何星亮:《中国图腾文化》，中国社会科学出版社，1992年。
中国文化书院讲演录:《论中国传统文化》，三联书店，1988年。
〔美〕谢弗:《唐代的外来文明》，吴玉贵译，中国社会学出版社，1995年。
冯天瑜、周积明:《中国古代文化奥秘》，湖北人民出版社，2010年。
张岱年、成中英:《中国思维偏向》，中国社会科学出版社，1991年。
张应杭、蔡海榕:《中国传统文化概论》，上海人民出版社，2000年。
瞿明安、居阅时:《中国象征文化》，上海人民出版社，2001年。
李仁溥:《中国古代纺织史稿》，岳麓书社，1983年。

任夷编著:《服装设计》，湖南美术出版社，2009 年。

〔日〕文化服装学院编:《文化服装讲座·服饰手工艺篇》，中国轻工业出版社，2000 年。

马大力、冯科伟、崔善子编著:《新型服装材料》，化学工业出版社，2006 年。

回顾:《中国丝绸纹样史》，黑龙江美术出版社，1990 年。

潘健华:《女红》，人民美术出版社，2009 年。

刘炜主编:《中华文明传真》，上海辞书出版社，商务印书馆（香港），2001 年。

〔日〕池上嘉彦:《符号学入门》，张晓云译，国际文化出版公司，1985 年。

吴山:《中国历代装饰纹样》，人民美术出版社，1992 年。

赵丰编著:《敦煌丝绸艺术全集——法藏卷》，上海华东大学出版社，2010 年。

赵丰编著:《敦煌丝绸艺术全集——英藏卷》，上海华东大学出版社，2010 年。

郭学是:《中国历代仕女画图集》，天津人民美术出版社，1998 年。

樊锦诗编著:《中国敦煌》，江苏美术出版社，2000 年。

王洪震编著，《汉画像石》，新世界出版社，2011 年。

辽宁省文物总店编著:《汲古丛珍》，文化出版社，1997 年。

《故宫千禧》，中国台湾故宫博物院出版，2000 年。

《罗汉画》，中国台湾故宫博物院出版，1990 年。

《仕女画之美》，中国台湾故宫博物院出版，1998 年。

高文编著:《四川汉代石棺画像集》，人民美术出版社，1998 年。

周芜编著:《金陵古版画》，江苏美术出版社，2001 年。

陈宁等编著:《中国历代传统纹样》，河南美术出版社，2007 年。

杨棣、李驰宇编著:《古今图案集成》，吉林美术出版社，2011 年。

周立、高虎编著:《中国洛阳出土·唐三彩全集》，大象出版社，2007 年。

陈申编著:《中国京剧戏衣图谱》，文化艺术出版社，2009 年。

贺西林、李清泉:《永生之维——中国墓室壁画史》，高等教育出版社，2009 年。

洛阳市文物管理局:《洛阳古代墓葬壁画研究》（上下），中州古籍出版社，2010 年。

李星明:《唐代墓室壁画研究》，陕西人民美术出版社，2005 年。

盛天晔编著:《宋代人物》(上)，湖北长江出版集团，2011 年。

河北古代建筑保护研究所:《昭化寺》，文物出版社，2007 年。

陈兆夏、邢琏:《世界岩画》第二册《欧美大洋洲卷》，文物出版社，2011 年。

赵丰、齐东方主编:《锦上胡风·丝绸之路纺织品上的西方影响》(4 至 8 世纪)，上海古籍出版社，2011 年。

〔法〕埃马努埃尔·阿纳蒂:《艺术的起源》，刘建译，中国人民大学出版社，2007 年。

冯鹏生:《中国木版水印概说》，北京大学出版社，1999 年。

怡高娣:《中国最美年画》，湖北美术出版社，2013 年。

(明)宋应星:《天工开物图说》，曹小欧注释，山东画报出版社，2009 年。

后 记

这本服装史教材是我从事教学多年来的一些积累，适逢北京大学出版社“国家级特色专业·广州美术学院工业设计学科系列教材”丛书征稿，于是把这些年来积累的相关教学内容进行重新整理，也就有了此书。书中大量的图片，一方面展现了服饰形态的历史风貌，另一方面，那些用艺术方式还原的传统服饰成品，可以使读者看到中国传统服饰文化传承与拓展的可能性。尽管写作这本书的过程充满了艰辛，但精神十分充实。这里我想感谢我的先生的大力支持，他在行政与教学的百忙之中还给了我多方面的鼓励和帮助；感谢我的女儿，她是一个很能理解妈妈的孩子，在我写作期间，正值她大四，既要做毕业论文、毕业创作，还要冲刺备考研究生；感谢我的研究生的协助，书中也有他们的作品；最后还要感谢广州美术学院，31 年来我学习、生活和工作的地方。

由于本人学识所限，书中错误和缺漏在所难免，恳请读者指正！

2014 年 7 月于广州美术学院